영재 학생을 위한

수학 산책

영재 학생을 위한

수학 산책

지은이 구광조 · 라병소 · 이강섭
펴낸이 박문규
펴낸곳 경문사
등 록 1979년 11월 9일 제9-9호
주 소 121-818, 서울특별시 마포구 동교동 184-17
전 화 (02)332-2004 팩스 (02)336-5193
E-mail kms2004@kyungmoon.com
초판 1쇄 인쇄 2007년 4월 20일
초판 1쇄 발행 2007년 4월 26일

ISBN 978-89-6105-004-3 03410
값 10,000원

영재 학생을 위한

수학 산책

구광조 · 라병소 · 이강섭 지음

경문사

머리말

《수학산책》은 2000년에 처음으로 세상에 나왔습니다. 그리고 새로운 내용을 추가하고, 처음 내용도 수정하여 2005년에 《창의력 향상을 위한 수학산책》으로 탈바꿈하였습니다.

이 때, 필자는 수학교사가 되려는 사범대학과 교육대학 학생을 가르치는 과정에서 얻은 아이디어가 농축되어 새로운 주제가 만들어지고, 이 주제에 맞는 참신한 문제가 모아지는 대로 속편을 출판하겠다고 약속하였습니다.

《영재학생을 위한 수학 산책》은 전편과 달리 주제가 매우 구체적입니다. 그리고 초등학생에서부터 대학생까지 풀 수 있는 문제로 채웠습니다. 대부분의 문제가 교과서나 교과서를 보충하는 참고서에서는 볼 수 없으며, 문제를 해결하는 공식이나 절차가 결정되어 있지 않습니다.

전편과 마찬가지로 제II장의 스도쿠를 제외한 주제는 서로 독립되어 있으며, 어느 주제를 먼저 읽어도 이해하거나 문제를 해결하는 데 전혀 어려움이 없습니다. 다만 한 가지 꼭 명심해야 할 점은 모든 주제는 문제로부터 출발하고, 문제를 얼마나 생각하고 나름대로의 해결 방법을 모색하였는가에 따라 이해의 정도가 달라진다는 것입니다. 그래서 필자는 문제를 생각하고 해결책을 모색하는 과정을 **"수학산책"**이라 한 것입니다.

이 책은 다섯 개의 장으로 구성되어 있습니다. 제I장 **모눈종이**는 주어진 조건을 만족시키도록 모눈에 ○을 표시하는 내용으로 구성하였으며, 요즈음 유행하는 네모로직을 해결하는 방법을 알아 보았습니다. 제II장 **수표**는 모눈에 적절히 자연수를 채워 넣는 문제로 구성하였으며, 수표를 만드는 대표적인 놀이인 스도쿠를 완성하는 방법을 찾았습니다. 제III장 **점판**은 초등학교의 도형 영역에서 학습자료로 사용되는 점판에 고무밴드를 걸어 여러 가지 도형을 찾는 다양한 내용을 소개하였습니다. 제IV장 **경우의 수**

는 도형이나 무늬 등 구체적인 예를 이용하여 꾸밀 수 있는 경우를 모두 찾는 내용입니다. 이 장에서 여러분들은 다양한 무늬를 만날 것입니다. 제Ⅴ장 **숫자 놀이**에서는 숫자의 위치를 바꾸거나 숫자를 지우는 놀이를 할 것입니다. 더하여 필자가 처음 사용하는 대칭수와 자기 배수에 대한 여러 가지 문제도 생각할 것입니다. 우리는 다섯 장의 문제를 해결하는 과정에서 다양한 생각과 창의적인 발상을 하게 될 것이고, 문제가 해결되었을 때의 기쁨을 맛보게 될 것입니다.

이 책은 영재 교육을 담당하는 교사를 위해 집필한 것입니다. 교사가 영재를 가르칠 때 가장 어려운 점은 어떤 내용을 어떻게 문제로 만들어서 영재학생에게 제공할 것인가 하는 것입니다. 또 영재학생은 자기보다 상급 학년의 내용을 학습하는 속진학습을 본인의 의사와 상관없이 학습하며, 이렇게 하는 것이 영재가 되는 길이라고 생각합니다. 그러나 속진학습은 영재를 위하거나 영재가 되도록 교육하는 적절한 학습 방법이 아닙니다. 이 책의 자료들이 영재교육을 담당하는 선생님이나 영재 학습에 관심이 있는 학생과 학부모에게 도움이 되기를 기대합니다.

이 책을 편집해주고 저자의 생각이 드러나도록 제작해준 경문사 여러분께 감사드립니다.

2007년 4월 23일

저 자

영재 학생을 위한 수학 산책

차 례

I 모눈종이

II 수 표

III 점 판

Ⅳ 경우의 수

Ⅴ 숫자 놀이

I

M.A.T.H.E.M.A.T.I.C.S

모눈종이

정사각형을 가로와 세로로 연결한 그림을 **모눈종이**라 하며, 정사각형 하나 하나를 **모눈**이라 합니다.
모눈이 가로로 m개, 세로로 n줄이 있는 직사각형 모양의 모눈종이를 **m × n 모눈종이**라 하며, 직사각형 모양이 아닌 모눈종이도 있습니다.

다음 그림을 봅시다.

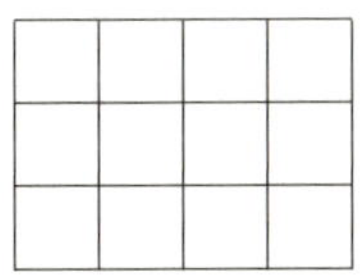

(그림 1)

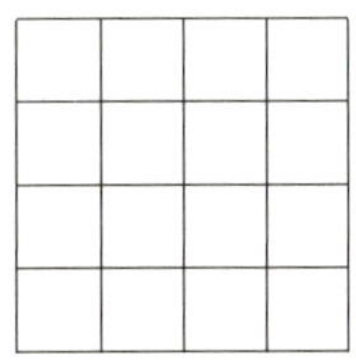

(그림 2)

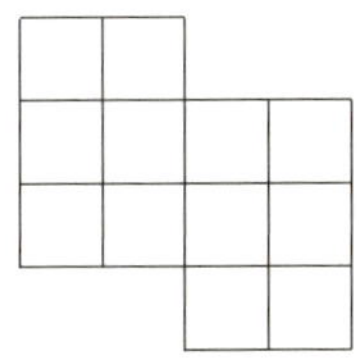

(그림 3)

(그림 1)은 4×3 모눈종이이고, (그림 2)는 4×4 모눈종이이며, (그림 3)은 직사각형 모양이 아닌 모눈종이입니다.
우리는 모눈종이를 이용하여 여러 가지 놀이를 합니다. 주어진 조건을 만족하도록 모눈에 색칠하는 놀이도 하고, 모눈종이를 선을 따라 몇 개의 조각으로 자르기도 합니다. 특히 네모 로직은 새롭게 소개되는 놀이로서, 주어진 조건을 만족하도록 모눈에 ○을 채우는 것입니다.
이 장에서 우리는 모눈종이를 이용한 문제를 해결하는 과정에서 즐거움을 맛볼 수 있을 것입니다.

1 모눈종이 색칠하기

우리는 정사각형 모양의 타일을 이어 붙인 모양이 모눈종이와 같음을 알 수 있습니다. 다시 말하면 모눈종이에 여러 가지 색깔의 타일을 붙일 수도 있습니다.
다음 문제를 생각해 봅시다.

오른쪽 그림과 같은 벽면에 다음과 같은 두 가지 모양의 타일 4개를 붙이려고 합니다. 붙인 모양이 서로 다른 것은 모두 몇 가지입니까?

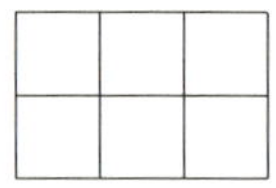

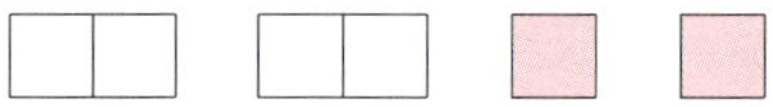

▸▸ 선생님, 벽면에 타일을 붙이므로 다음 네 모양은 다른 것으로 보아야 하나요?

이것은 모두 같은 무늬로 보고 문제를 풀어 봅시다. 즉 돌리거나 뒤집어서 모양이 같으면 하나로 보고 생각해요.

▸▸ 그러면 다음의 4가지 모양이 생깁니다.

잘 했어요. 그러면 다음 문제를 풀어 보세요.

오른쪽 그림과 같은 바닥에 빨간색 타일 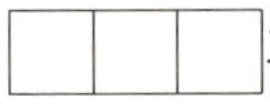과 파란색 타일 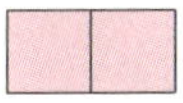과 노란색 타일 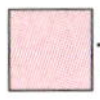을 각각 한 장 이상씩 사용하여 붙인 무늬를 모두 그리시오.

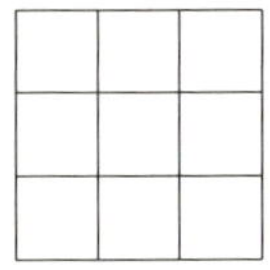

이번에는 모눈종이에 타일을 한 꼭지점만 연결되도록 붙이는 방법을 알아봅시다.

3×3 모눈종이에 타일 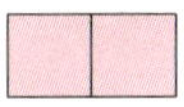  이 한 꼭지점만 연결되도록 붙이는 방법은 다음의 2가지가 있습니다.

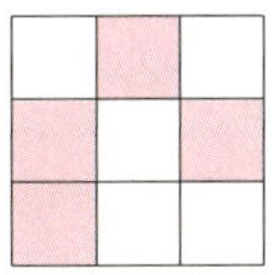 

4×4 모눈종이에 타일 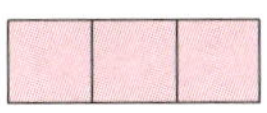 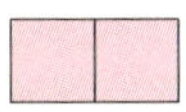 이 한 꼭지점만 연결되도록 붙이는 그림을 모두 그리시오.

1 모눈종이 색칠하기

▸▸ 저는 먼저 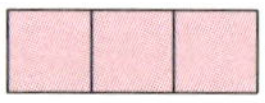 을 붙이고 나머지 것을 생각했어요.

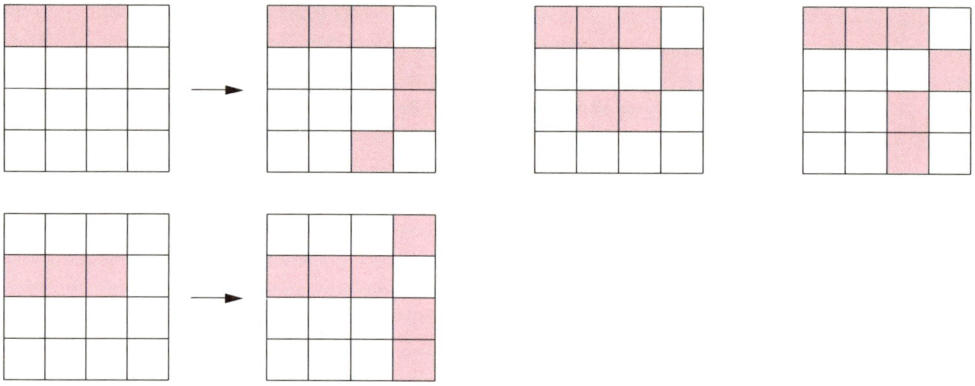

▸▸ 다음과 같이 붙일 수도 있잖아요.

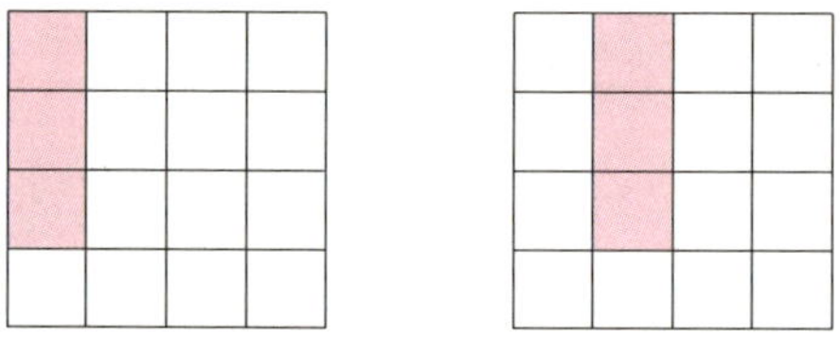

▸▸ 이것을 돌리거나 뒤집으면 제가 그린 것과 같아져요.

잘 했습니다. 과 같이 먼저 큰 도형부터 모눈종이에 옮겨 놓으면 쉽게 그릴 수 있답니다. 이제 좀더 복잡한 문제를 생각해 봅시다.

5×4 모눈종이에  모양의 타일 3개를 붙이는 그림을 그리시오.

▸▸ 저도 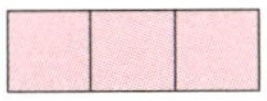 모양의 타일을 먼저 붙이고 생각했어요. 이 타일을 붙이는 서로 다른 방법은 다음의 7가지가 있습니다.

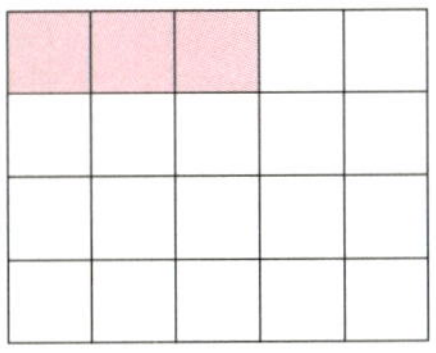
(1)

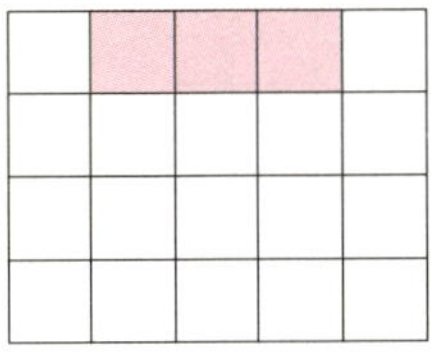
(2)

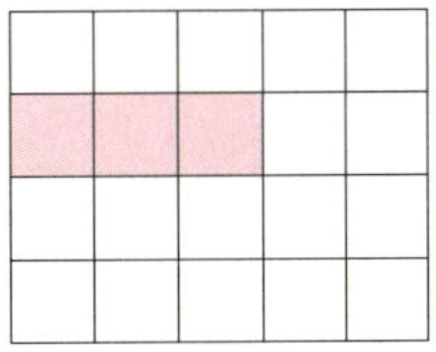
(3)

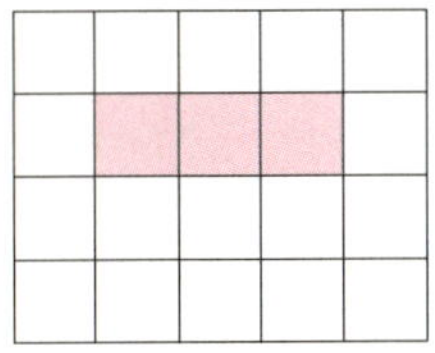
(4)

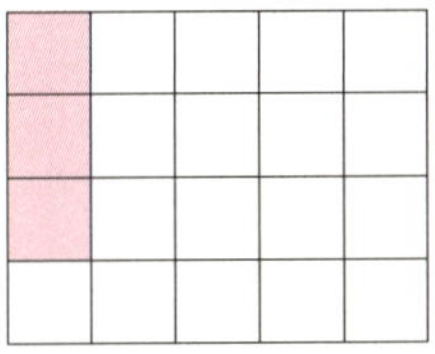
(5)

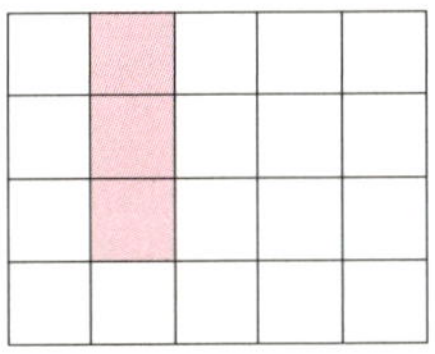
(6)

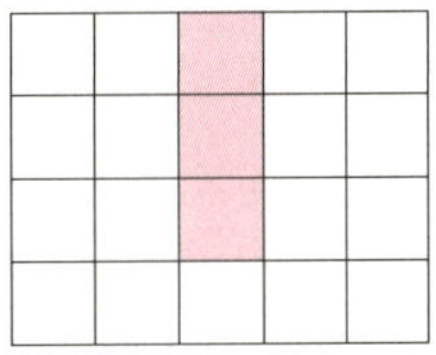
(7)

▸▸ 제가 (1)을 먼저 완성했어요.

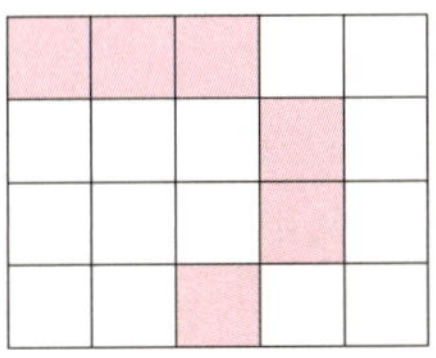
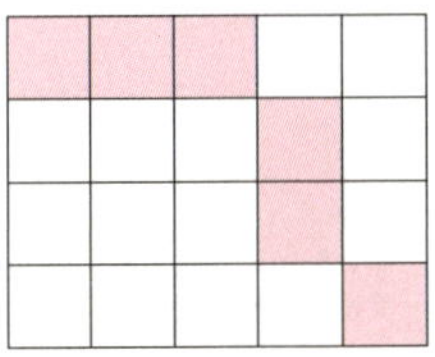
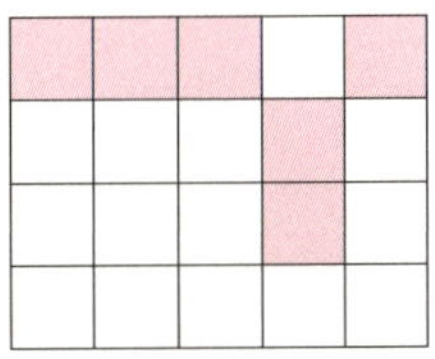
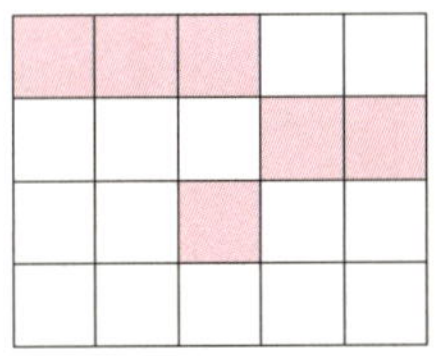
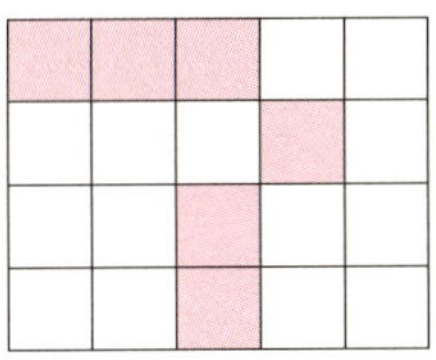
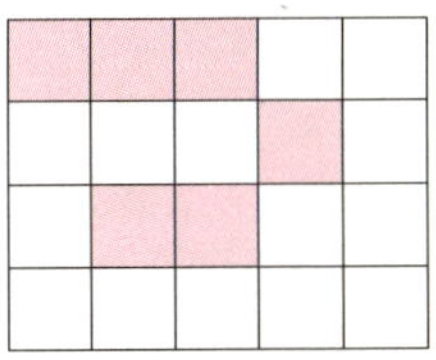
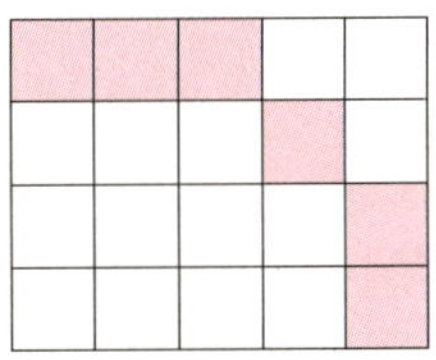

더 그릴 그림은 없는지요?

▸▸ (1)의 3개에 2개를 붙이거나 1개를 붙이는 두 가지 경우로 나누어 그렸습니다. 각각의 경우에 빠진 것이 없으므로 모두 그린 것이지요.

▸▸ 저는 (2)를 완성했어요.

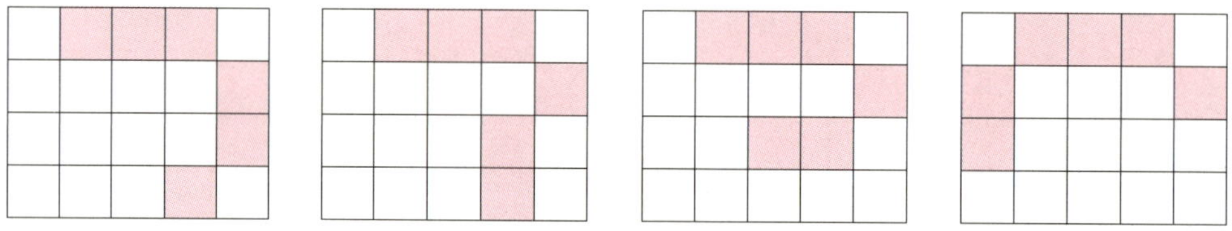

▸▸ 다음 그림도 있습니다.

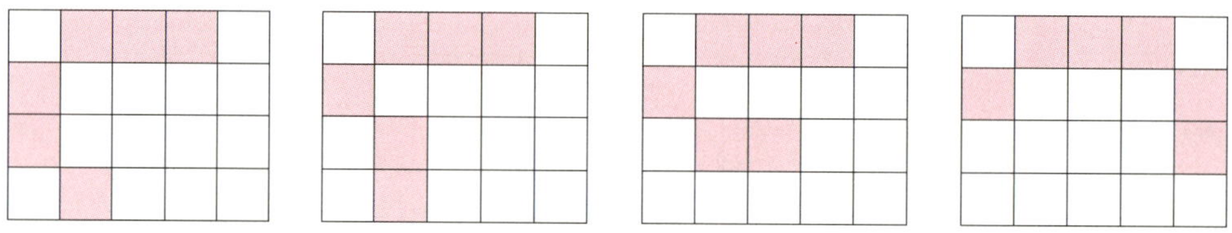

▸▸ 이 그린 것을 옆으로 뒤집으면 제가 그린 것과 같아져요.

그렇습니다. 같은 그림인지 아닌지를 아는 일도 중요하지요.

▸▸ 저는 (3)을 그렸어요.

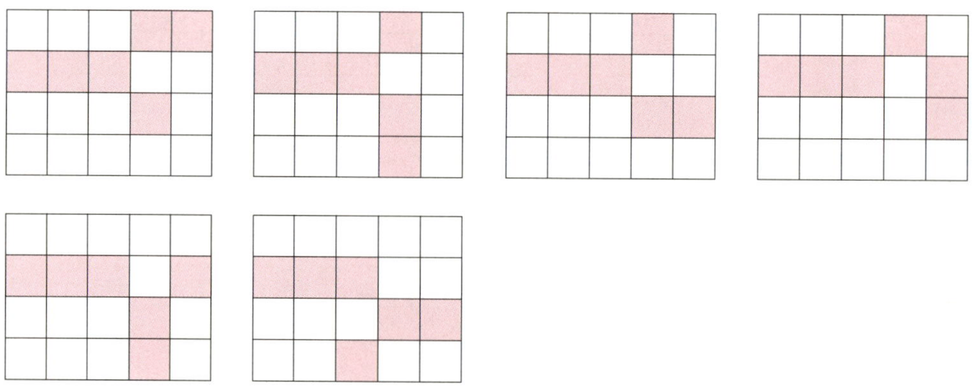

여러분이 나머지 (4), (5), (6), (7)을 완성시켜 주세요.

이제는 좀 색다른 문제를 풀어 봅시다.

모눈의 한 변이 1cm인 3×3 모눈종이가 있습니다. 이 모눈종이를 둘레가 8cm가 되도록 자르는 그림을 모두 그리시오.

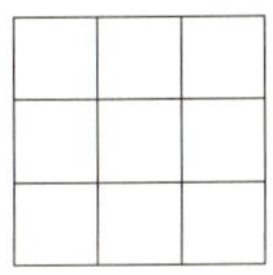

▸▸ 둘레가 8cm 이려면 둘레가 모눈 8개의 변이 되도록 자르면 됩니다. 먼저 가로와 세로의 합이 모눈 4개인 직사각형으로 자르면 다음과 같은 그림 2개가 있습니다.

▶▶ 선생님, 직사각형이 아니어도 되잖아요. 저는 다음과 같이 잘랐어요.

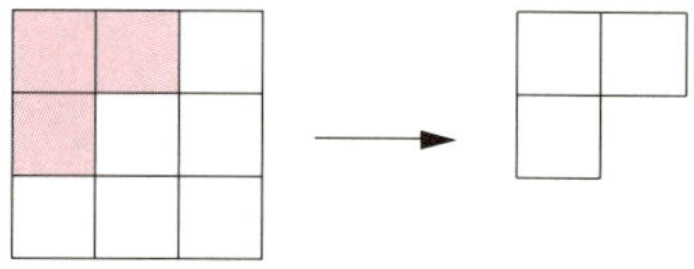

▶▶ 다음과 같이 잘라도 되나요?

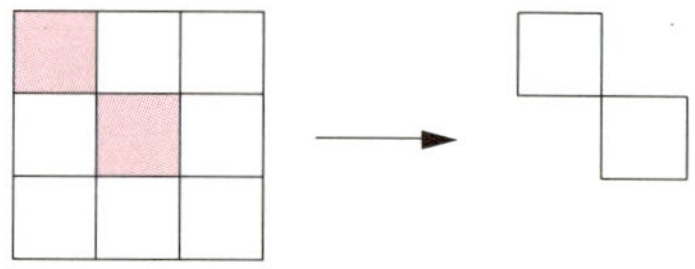

가 자른 것은 꼭지점이 연결되어 있다고 해도 아주 위태롭지요. 이것은 다각형이 아닙니다. 그러므로 특별한 단서가 없는 한 이런 도형은 두 조각으로 자른 것으로 생각하지요. 그러므로 앞의 3가지 경우가 모두 구한 것입니다.

그러면 다음 문제를 풀어 보세요.

모눈의 한 변이 1cm인 3×3 모눈종이에서 둘레가 12cm인 도형을 모두 그리시오.
(단, 자른 모양이 돌리거나 뒤집어서 겹쳐지는 것은 하나만 그리시오.)

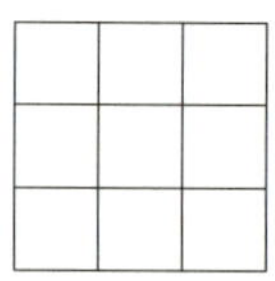

2 모눈종이 자르기

모눈종이를 가위로 자를 때는 모눈이 다치지 않도록 해야 합니다. 다시 말하면 모눈종이의 선을 따라 잘라야 한다는 것입니다.
다음 문제를 풀어 봅시다.

3×4 모눈종이를 모양과 크기가 같도록 두 조각으로 자른 그림을 모두 그리시오.

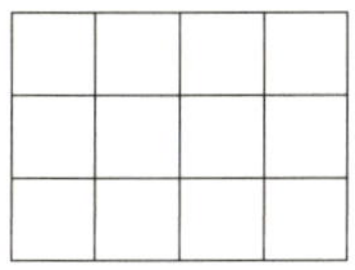

▸▸ 아주 쉬워요. 저는 다음과 같이 잘랐어요.

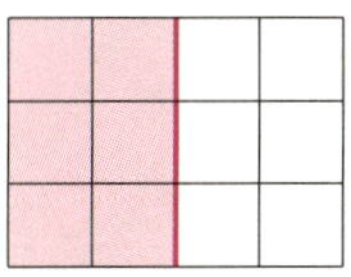
(1)

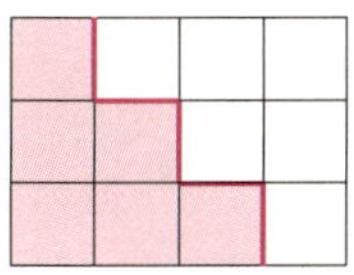
(2)

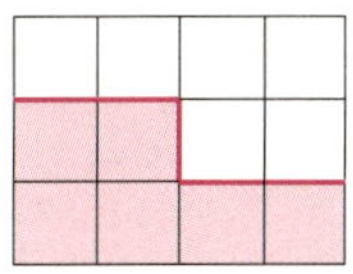
(3)

▸▸ 저도 찾았어요.

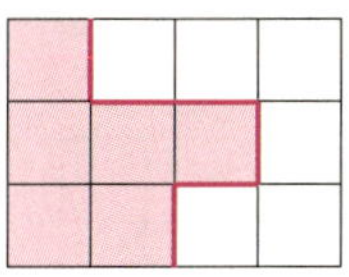
(4)

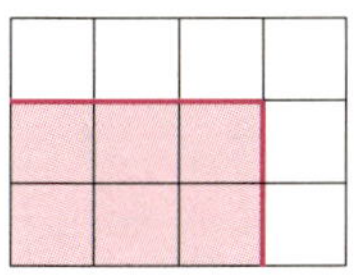
(5)

▸▸ 가 찾은 것은 두 조각의 모양이 달라요. 그러므로 문제의 뜻에 맞지 않아요.

그렇습니다. 은 모양과 크기가 같도록 잘랐지만, 는 크기는 같지만 모양이 달라요. 누가 또 찾아볼까요.

▸▸ 저는 다음과 같이 잘랐어요.

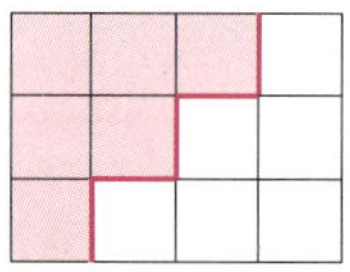
(6)

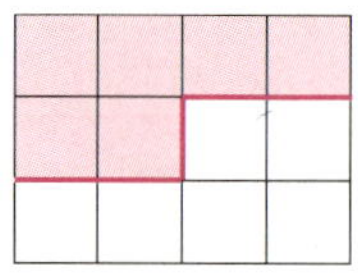
(7)

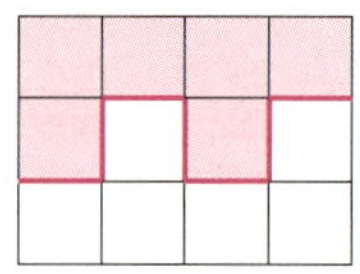
(8)

▸▸ 가 구한 것 중 (6)은 제가 구한 (2)와 같고, (7)은 (3)과 같아요. (8)만 새롭게 자른 것입니다.

이 잘 설명했어요. 그럼 또 다른 그림은 없을까요?

▸▸ ……

(1), (2), (3), (8)을 잘 살펴보세요. 공통으로 지나는 선분이 있지요. 반드시 이 선분을 지나야 잘린 두 도형의 모양과 크기가 같아집니다.

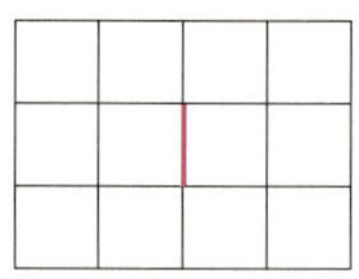

▸▸ 그러니까 선생님께서 말씀하신 선분을 지나서 반대방향으로 대칭되게 그리면 되겠군요. 다음 그림과 같은 방법으로요.

잘 했어요. 선생님이 말한 선분은 매우 중요합니다. 그래서 이런 선을 **특성선**(characteristic line)이라 합니다.
다음 문제도 생각해 봅시다.

12개의 모눈으로 된 다음 모눈종이를 모양과 크기가 같은 두 조각으로 자르는 그림을 모두 그리시오.

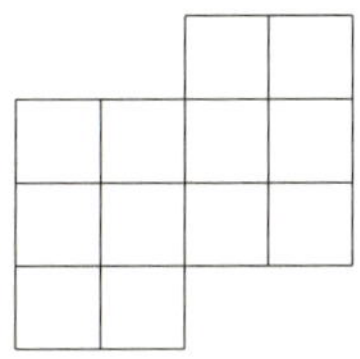

지금까지는 모눈종이를 두 조각으로 잘랐는데, 이제는 더 많은 조각으로 자르는 문제를 생각해 봅시다.

다음 6×4 모눈종이를 모양과 크기가 같도록 4조각으로 자르는 그림을 모두 그리시오.

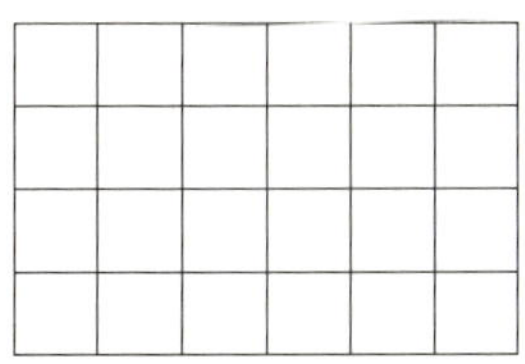

▸▸ 저는 아주 쉬운 것을 찾았어요.

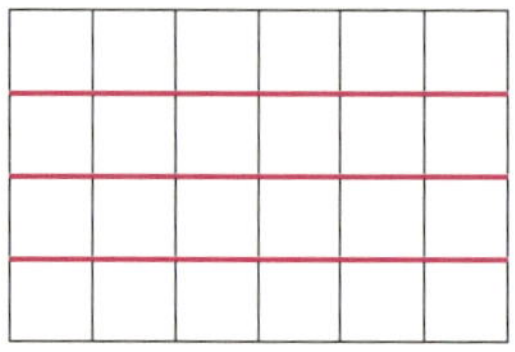
(1)

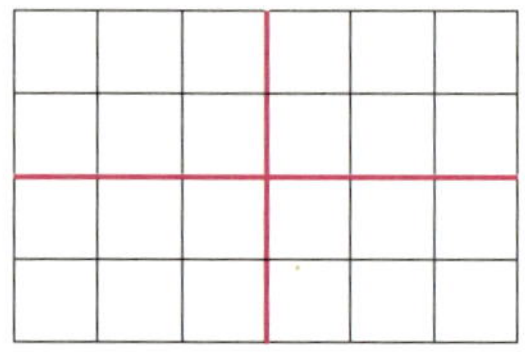
(2)

이 구한 그림은 쉽게 눈에 들어옵니다. 이제부터가 어려워요

▸▸ 저는 먼저 2개로 자른 후, 2개를 각각 2개씩으로 다시 잘랐어요.

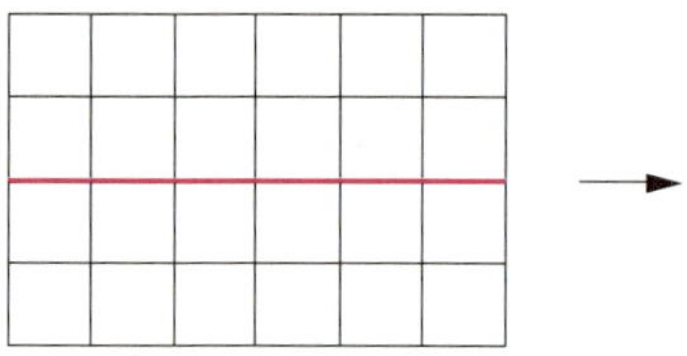

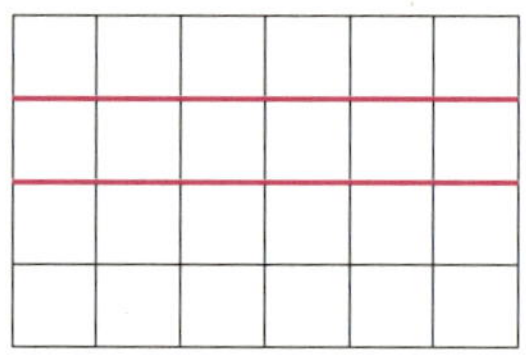
(1)

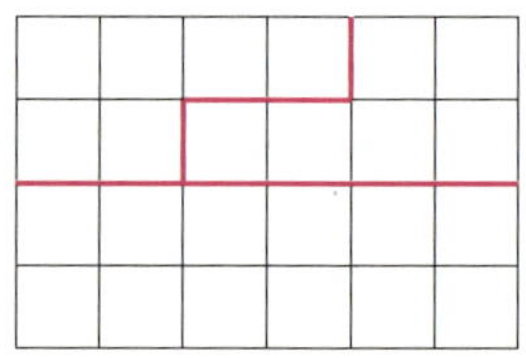
(3)

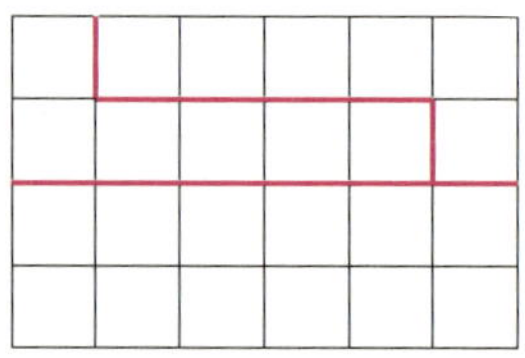
(4)

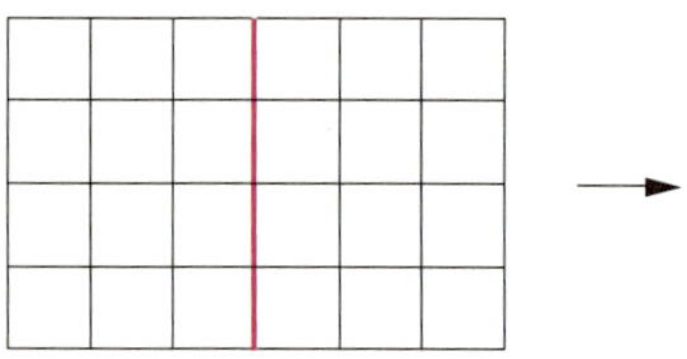

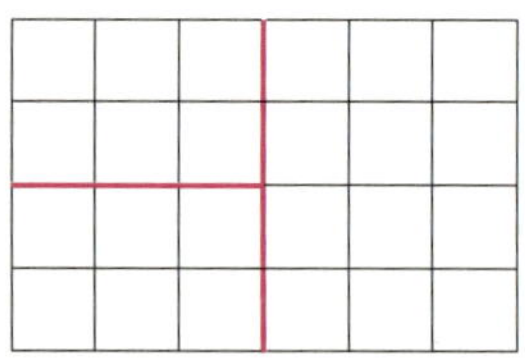
(2)

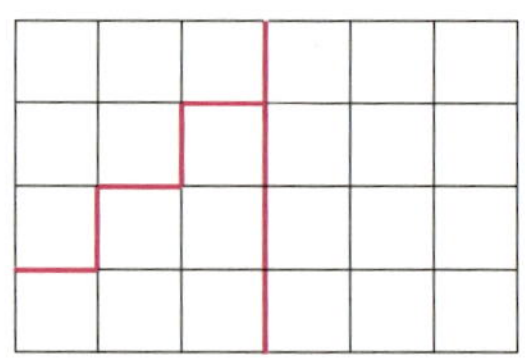
(5)

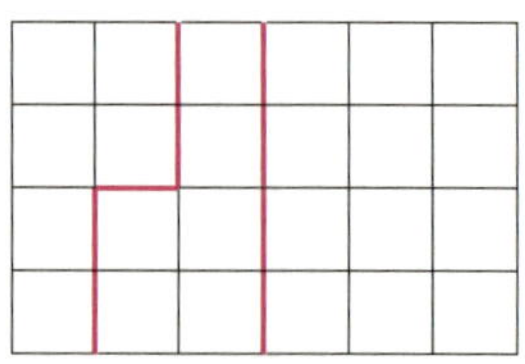
(6)

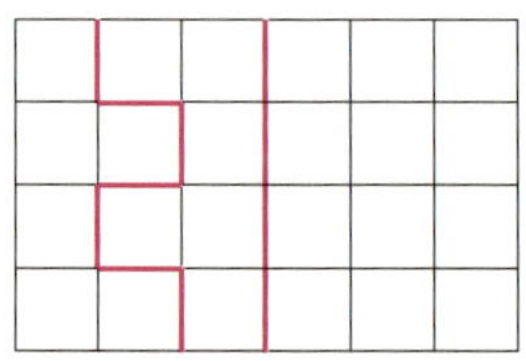
(7)

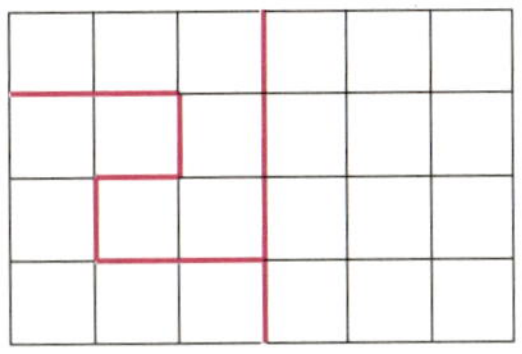

(8)

가 잘 했어요. 가 한 것을 보고, 또 다른 모양으로 자를 수는 없을까요?

▸▸ 선생님 가 자른 것 중 (3)과 (6)은 조각의 모양이 같아요. 다음과 같이 잘라도 4조각의 모양이 모두 같아요. 그래서 모두 8가지입니다.

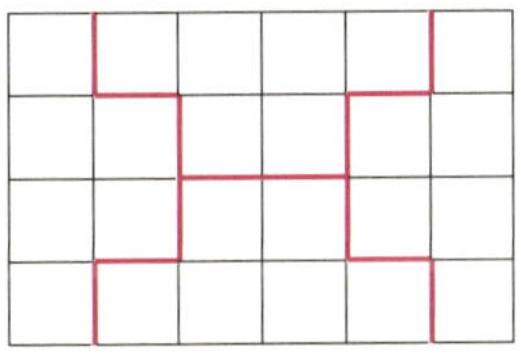

(9)

가 잘 찾았어요. 이것은 먼저 2개로 자른 모양이 아니어서 찾기가 매우 어려워요. 여기에서도 8개의 그림이 공통으로 지나는 점이 있지요. 그 점을 찾아보세요. 이 점을 우리는 **특성점**(characteristic point)이라 합니다.

지금까지는 같은 모양으로 잘랐는데, 다른 모양으로 자르는 문제도 있답니다.
문제가 아주 어려우니, 잘 생각하여 풀어 보세요.

다음 6×3 모눈종이를 넓이가 같은 세 조각으로 자르려고 합니다. 조각의 모양이 모두 다르게 자르는 그림을 그리시오.

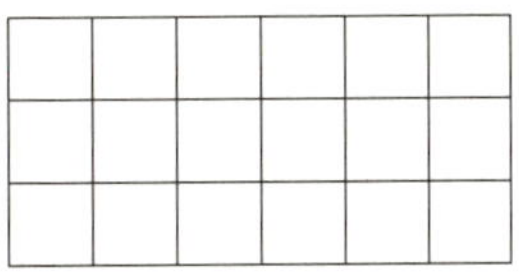

3 정사각형으로 자르기

또 다른 유형의 문제를 풀어 봅시다.

다음 5×5 모눈종이를 모든 조각이 정사각형이 되도록 자르려고 합니다. 몇 개의 조각으로 자를 수 있을까요?

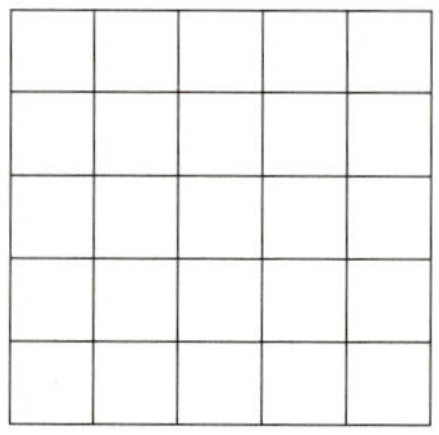

▸▸ 저는 정사각형 1개를 가능한 크게 자르는 것으로 시작했습니다. 먼저 4×4 모눈종이를 자르고 나머지를 정사각형이 되도록 자르면 다음 그림과 같이 정사각형 10장이 됩니다.

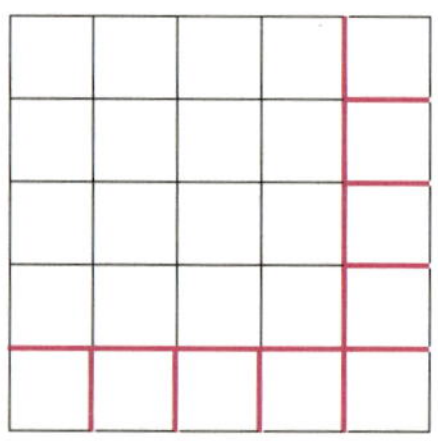

다음에 3×3 모눈종이를 자르고, 나머지를 2×2 모눈종이 3장과 가장 작은 정사각형으로 자르면 다음과 같이 정사각형 8장이 됩니다. 8장에서 시작하여 2×2 모눈종이 1장을 4장으로 자를 때마다 3장씩 늘어나므로 정사각형이 8장, 11장, 14장, 17인 조각으로 자를 수 있습니다.

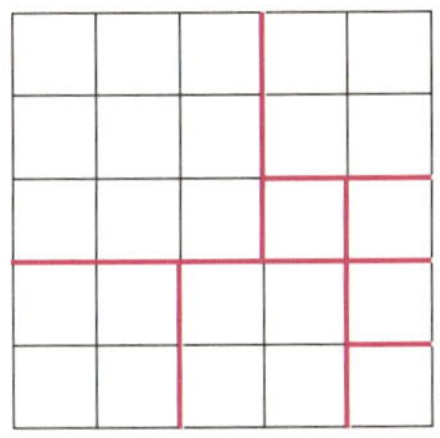

다시 다음 그림과 같이 2×2 모눈종이 4장과 나머지를 가장 작은 정사각형으로 자르면 정사각형 13장이 됩니다. 13장에서 시작하여 2×2 모눈종이 1장을 4장으로 자를 때마다 3장씩 늘어나므로 정사각형의 개수는 13장, 16장, 19장, 22장, 25장입니다.

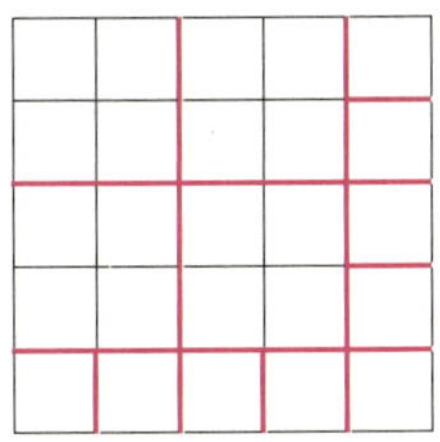

따라서 정사각형의 개수가 다음과 같도록 자를 수 있습니다.

8, 10, 11, 13, 14, 16, 17, 19, 22, 25

이 잘 설명했습니다. 그러니까 정사각형을 최소 8장에서 25장까지 자를 수 있으며, 자르지 못하는 개수도 있습니다.
다음 문제를 푸시오.

3 정사각형으로 자르기

오른쪽 모눈종이를 모든 조각이 정사각형이 되도록 자를 때, 물음에 답하시오.

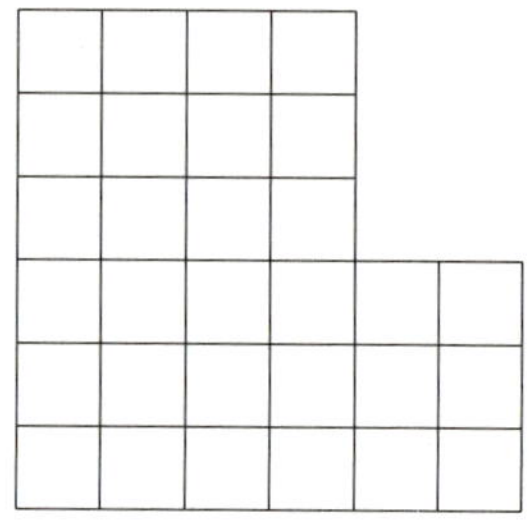

(1) 개수가 가장 작도록 자를 때, 몇 조각이 됩니까?

(2) 10에서 20까지 수 중에서 정사각형 몇 개는 자를 수 없습니까?

다음 문제는 논리적으로 설명해야 합니다. 이유를 잘 생각해 보세요.

정사각형 모양의 색종이 한 장이 있습니다. 이 종이를 모든 조각이 정사각형이 되도록 6 이상의 자연수 개수의 조각으로 자를 수 있음을 보이시오.

▸▸ ……

잘 모르겠다고요. 선생님이 힌트 하나만 줄게요.
다음 그림을 보세요. (1)은 정사각형 8개로 자르는 그림이고, (2)는 정사각형 11개로 자르는 그림입니다.

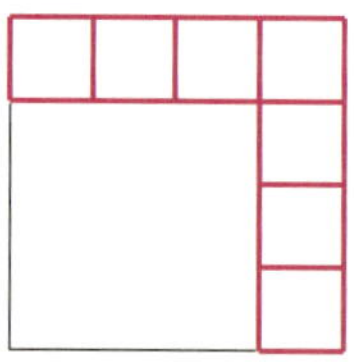

(1)

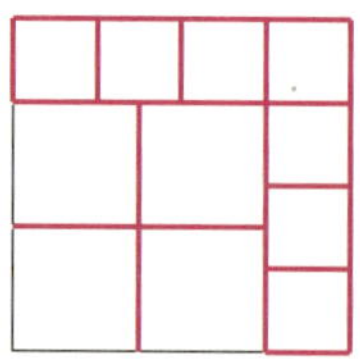

(2)

▸▸ 그러면 정사각형 6개와 7개로 자르는 그림을 그릴 수 있어요.

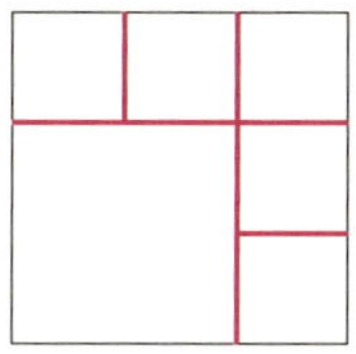
(3)

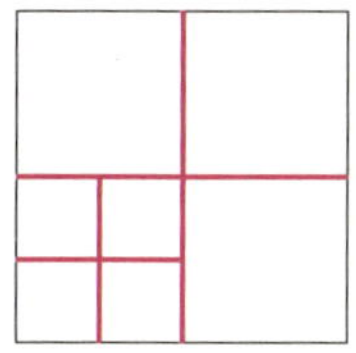
(4)

▸▸ 정사각형을 짝수 개와 홀수 개로 자르는 그림을 구별해서 그리면 되겠군요. 저는 먼저 짝수 개로 자르는 경우를 살펴보았습니다. 짝수는 (홀수)+1로 나타낼 수 있으므로 다음 그림과 같이 생각했습니다.

6 = 5 + 1

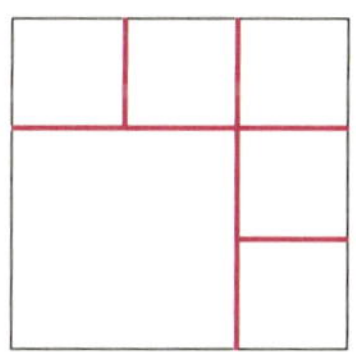
(가로, 세로를 3등분한다.)

8 = 7 + 1

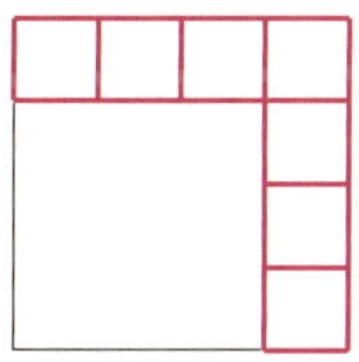
(가로, 세로를 4등분한다.)

10 = 9 + 1

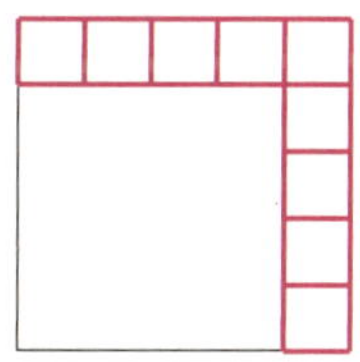
(가로, 세로를 5등분한다.)

▸▸ 저는 홀수 개인 경우를 알아보았습니다. 6 이상의 홀수는 4+(홀수)로 나타낼 수 있으므로 다음 그림과 같이 생각했어요.

7 = 4 + 3

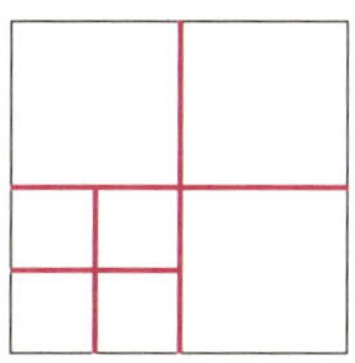
(가로, 세로를 2등분한 후 하나를 4등분한다.)

9 = 4 + 5

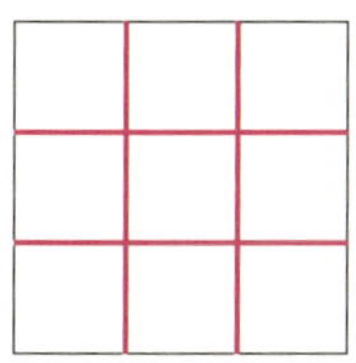
(가로, 세로를 3등분한 후 하나를 4등분한다.)

11 = 4 + 7

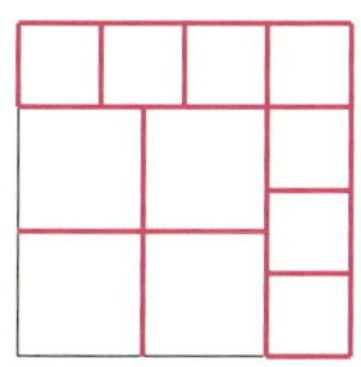
(가로, 세로를 4등분한 후 하나를 4등분한다.)

잘 했습니다. 계속 그릴 수 있겠지요. 이것을 논리적으로 설명하려면 지금까지 알아본 것을 문자를 사용하여 나타내면 됩니다. 짝수 $2k$인 경우와 홀수 $2k+1$인 경우로 나누어 다음 그림과 같이 정사각형으로 자르는 그림을 그렸습니다. 따라서 6이상의 모든 자연수 n에 대하여 n개의 정사각형으로 자를 수 있습니다.

$2k = (2k-1) + 1$

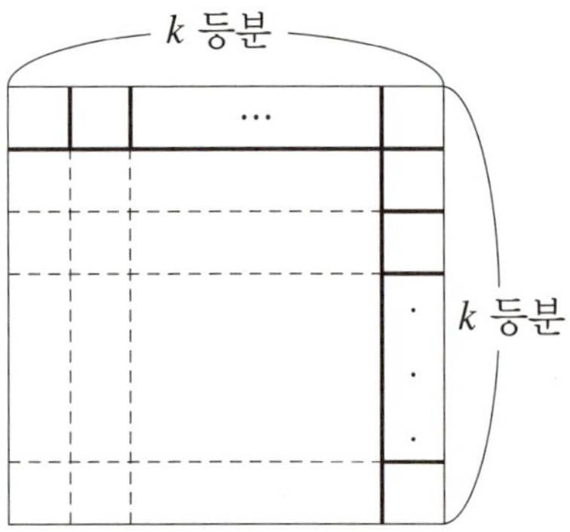

작은 정사각형 $(2k-1)$개
큰 정사각형 1개

$2k + 1 = 4 + (2k-3)$

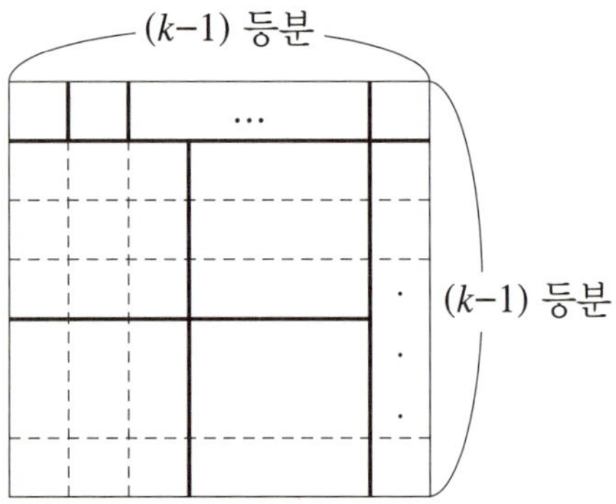

작은 정사각형 $(2k-3)$개
큰 정사각형 4개

다음 문제를 풀어 봅시다.

정사각형 모양의 색종이 한 장을 정사각형 12개로 자르는 그림을 3개 이상 그리시오.

4 ○을 표시하기

m×n 모눈종이의 모눈에 주어진 조건을 만족하도록 ○을 표시하는 놀이를 해봅시다.
먼저 다음 (그림 1)의 모눈종이를 보고, 가로줄에 있는 ○의 개수를 오른쪽에 쓰고, 세로줄에 있는 ○의 개수를 아래에 쓴 것이 (그림 2)입니다.

○		○	○
	○		
○		○	

(그림 1)

→

○		○	○	3
	○			1
○		○		2
2	1	2	1	

(그림 2)

다음 그림의 오른쪽과 아래에 ○의 개수를 써 넣으시오.

○		○	○	( )
	○	○		( )
○	○			( )
	○		○	( )
( )	( )	( )	( )	

○		○	○	○	( )
	○	○			( )
○	○				( )
	○		○	○	( )
( )	( )	( )	( )	( )	

이제 여러분과 같이 오른쪽과 아래에 쓰인 수만큼 모눈에 ○을 표시해 보겠습니다. 먼저 앞에서 살펴본 그림으로부터 시작해 봅시다.

4 ○을 표시하기

다음 모눈종이에 오른쪽과 아래에 표시된 수만큼 알맞게 ○을 넣어보세요.

				3
				1
				2
2	1	2	1	

▸▸ 선생님, 앞에서 본 (그림 1) 이외에 또 다른 그림이 있어요?

물론 이 그림 이외에 다른 그림이 더 있습니다. 잘 찾아보세요.

▸▸ 저는 다음과 같이 그렸어요.

○		○	○
○			
	○	○	

○		○	○
		○	
○	○		

가 잘 찾았습니다. 또 찾아보세요.

▸▸ 제가 찾은 그림입니다. 계속 찾을 수 있을 것 같아요.

○	○	○	
			○
○		○	

○	○	○	
○			
		○	○

○	○	○	
		○	
○			○

그러면 조건에 맞는 그림을 모두 찾으려면 어떤 기준이 있어야 하지요. 누가 빠뜨리지 않고 모두 찾을 수 있는 방법을 말해봐요.

▸▸ 가로 첫째줄에 있는 ○이 3개로 개수가 가장 많으므로 가로 첫째줄을 먼저 채워요.

가로 첫째줄을 채우는 방법은 몇 가지가 있지요?

▸▸ 다음 그림과 같이 4가지 방법이 있습니다.

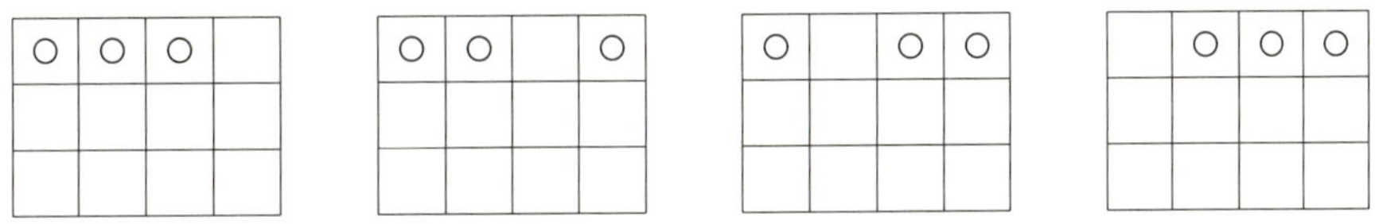

(1) (2) (3) (4)

▸▸ 다음에 ○을 채울 수 없는 칸에 색을 칠했습니다. 먼저 (1)에서 다음과 같이 했어요.

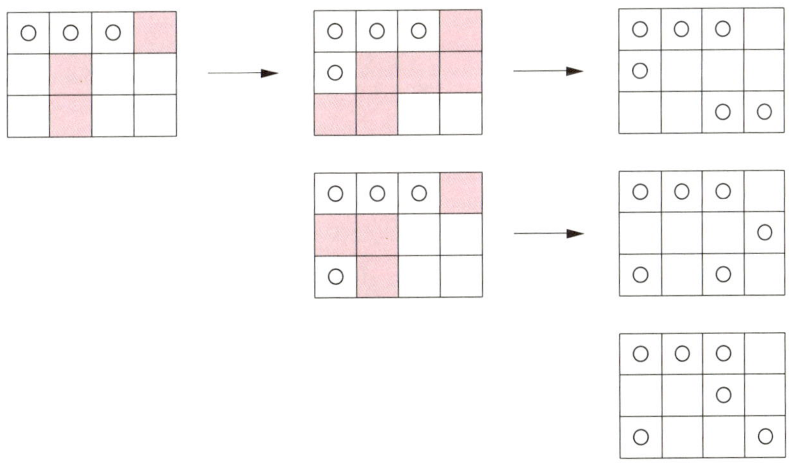

가 잘 설명했어요. 이와 같이 하나씩 찾아 가면 모두 찾을 수 있지요. (2), (3), (4)인 경우도 찾아 볼까요?

▸▸ 저는 (2)를 구했어요.

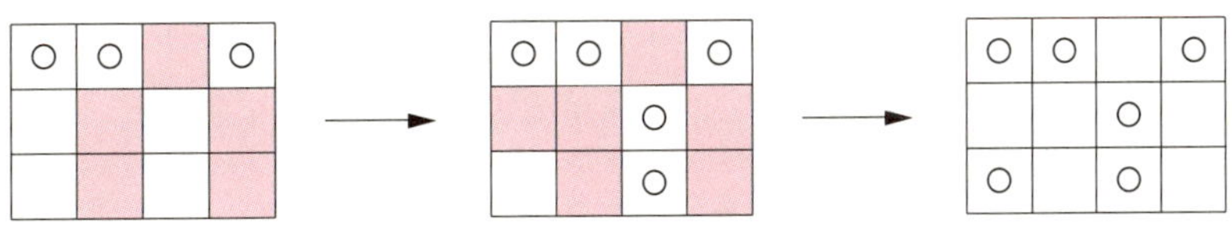

4 ○을 표시하기

우리는 (1)과 (2)의 경우에 해당하는 그림을 찾았습니다. 그러면 (3), (4)의 경우도 찾아볼까요.

▸▸ (3)의 경우는 3가지가 있습니다.

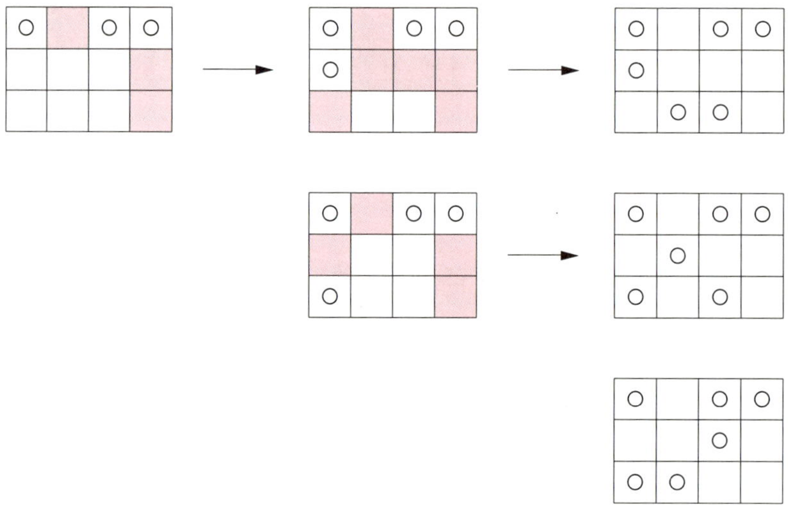

▸▸ (4)의 경우는 한 가지밖에 없습니다.

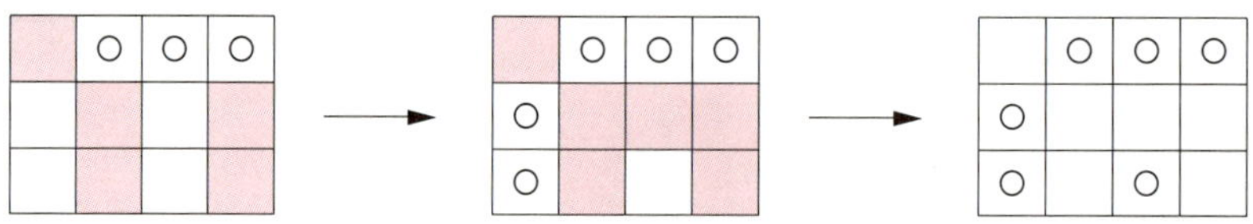

잘 했어요. 우리는 모두 8가지의 그림을 찾았습니다. 처음에는 한 가지만 있을 것으로 생각했지만, 생각보다 많은 그림이 그려지지요.
다음 문제를 풀어 봅시다.

다음 모눈종이에 오른쪽과 아래에 쓰인 수만큼 ○을 표시하는 방법은 모두 몇 가지가 있습니까?

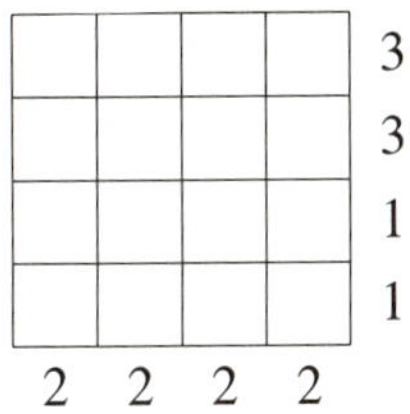

메모

memo

5 네모로직

이제 모눈종이에 표시된 ○의 개수를 나타내는 또 다른 방법을 알아보겠습니다. 다음 그림을 봅시다.

○		○	○	○			○	○	

이 그림의 ○의 개수를 다음과 같이 왼쪽에 표시합니다.

1 3 2	○		○	○	○			○	○	

즉 1 3 2는 ○ 1개, 3개, 2개가 이어서 놓인 것을 표시하며, 수와 수 사이에는 반드시 한 칸 이상 빈 칸이 있어야 함을 의미합니다. 마찬가지 방법으로 세로로 놓인 것도 위쪽에 표시합니다.

다음 표의 왼쪽과 위쪽에 수를 써 넣으시오.

	○		○	○	
		○			
	○	○	○	○	
			○	○	
		○	○		○

	○				○					○
	○	○			○					
					○	○	○	○	○	○
		○		○		○	○	○	○	○
		○			○	○	○			○
	○		○	○	○			○		○
	○					○		○		
	○							○		
	○				○				○	

이제 네모로직에 대하여 알아보겠습니다. **네모로직**은 m×n 모눈종이의 왼쪽과 위쪽의 수만큼 순서대로 칸을 이어서 ○표를 하며, 수와 수 사이에는 반드시 한 칸 이상 띄어야 하는 게임을 말합니다.

다음의 네모로직을 풀어 봅시다.

	2	1	2	2 1	1
1					
1 1					
3					
1 1					
1					

▸▸ ……

먼저 어디부터 채워야 할까요?

▸▸ 수의 합이 가장 크며, 수의 개수가 많은 줄을 먼저 채워야 합니다. 이 표에서 네 번째 세로줄 2, 1을 채우는 방법은 다음의 세 가지가 있습니다. 그리고 각각의 경우에 ○을 넣을 수 없는 모눈을 색칠해 봅시다.

	2	1	2	2 1	1
1				○	
1 1				○	
3					
1 1				○	
1					

(그림 1)

	2	1	2	2 1	1
1				○	
1 1				○	
3					
1 1					
1				○	

(그림 2)

	2	1	2	2 1	1
1					
1 1				○	
3				○	
1 1					
1				○	

(그림 3)

▸▸ (그림 1)은 세로 셋째 줄에 2를 채울 수가 없습니다. 그러므로 이런 경우는 없습니다.

▸▸ 저는 (그림 2)를 완성했어요. 다음 그림이 제가 완성한 과정입니다.

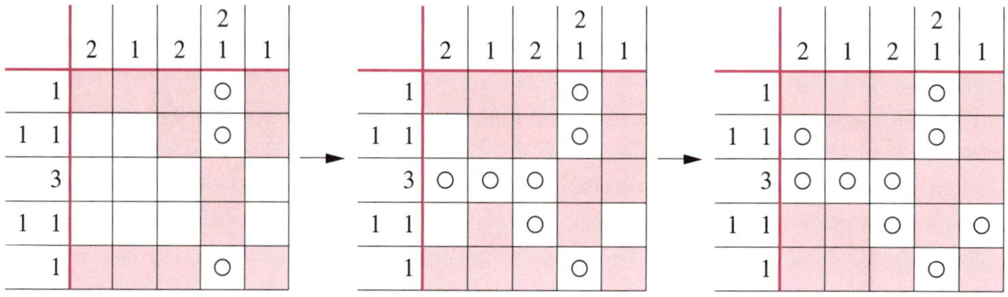

따라서 다음과 같이 완성했습니다.

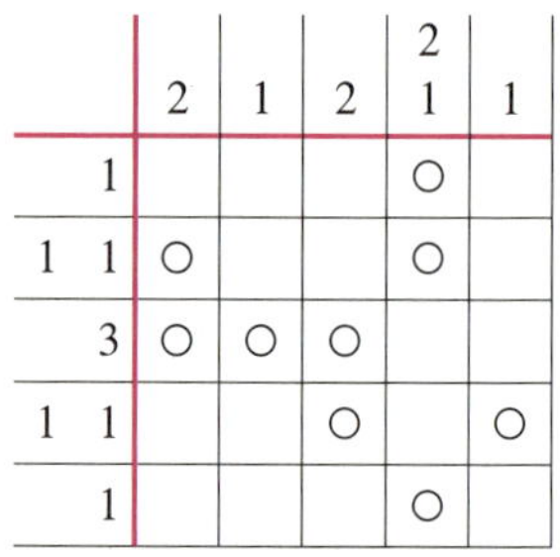

▸▸ 저는 (그림 3)을 해결했습니다. ○을 채울 수 있는 것을 차례로 다음과 같이 찾았습니다.

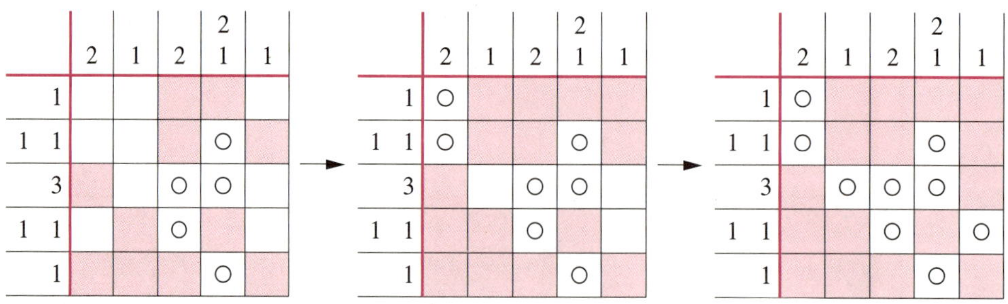

따라서 다음과 같은 그림을 얻습니다.

	2	1	2	2 1	1
1	○				
1 1	○			○	
3		○	○	○	
1 1			○		○
1				○	

잘했습니다. 이 경우에는 2가지가 만들어지지만, 보통은 답이 한 가지인 경우가 더 많습니다. 이제 더 복잡한 네모로직을 풀어 봅시다.

다음 10×10 네모로직을 푸시오.

	1 1 1	2 4	2 1	2 1	1 2 1	1 5 1	3 3	2 4	3 1 1	1 2 4
2 3 1										
3 1 1										
1 4										
1 6										
2										
1										
6 3										
1 3 1										
1 4										
1 3 1										

▸▸ 저는 먼저 가로 일곱째 줄의 6 3을 채웠습니다. 이것을 채우는 방법은 다음 그림 한 가지뿐입니다.

6 3	○	○	○	○	○	○		○	○	○

그래요. 수의 합과 두 수 사이의 개수를 합하여 10이 되는 경우는 바로 채울 수 있어요. 이것이 **첫째 원칙**입니다.

▸▸ 저는 세로 여섯째 줄 1 5 1을 생각했어요. 1 5 1을 가로로 생각하여 나타내면 다음의 네 가지 경우가 있는데, 모든 경우에 공통으로 들어가는 ○을 채울 수 있어요.

1 5 1	○		○	○	○	○	○		○	
1 5 1		○		○	○	○	○	○		○
1 5 1	○		○	○	○	○	○			○
1 5 1	○			○	○	○	○	○		○
				(공통)						

이 그림에서 어떤 경우에도 공통으로 들어가는 ○은 다음과 같습니다.

1 5 1				○	○	○	○			

잘 생각했습니다. 이것이 **둘째 원칙**입니다. 가로 넷째줄 1, 6에 대하여도 생각해 봅시다. 공통으로 들어가는 ○을 찾을 때는 앞에서부터 차례로 넣고, 뒤에서부터 차례로 넣어 두 가지 경우에 공통인 ○만 찾으면 됩니다.

1 6	○		○	○	○	○	○	○		
1 6		○			○	○	○	○	○	○
					(공통)					

▸▸ 지금까지 찾은 것을 표에 넣고, 채울 수 없는 곳에 색을 칠했습니다.

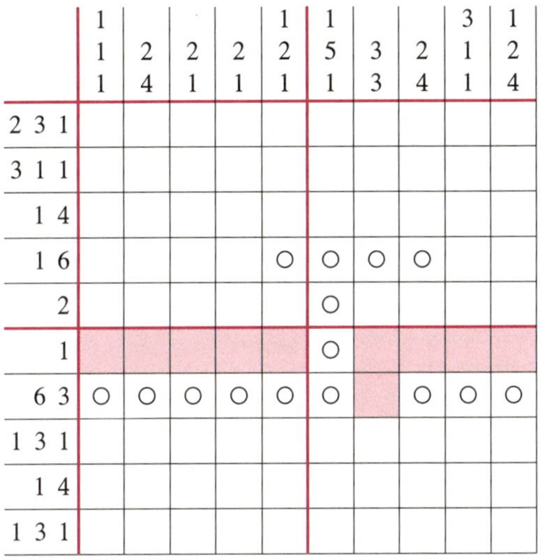

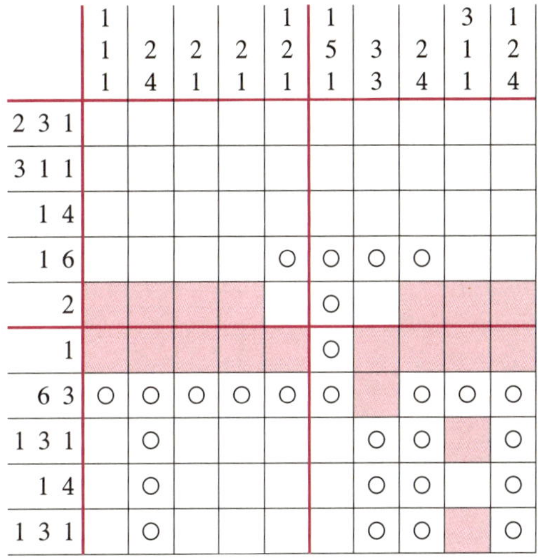

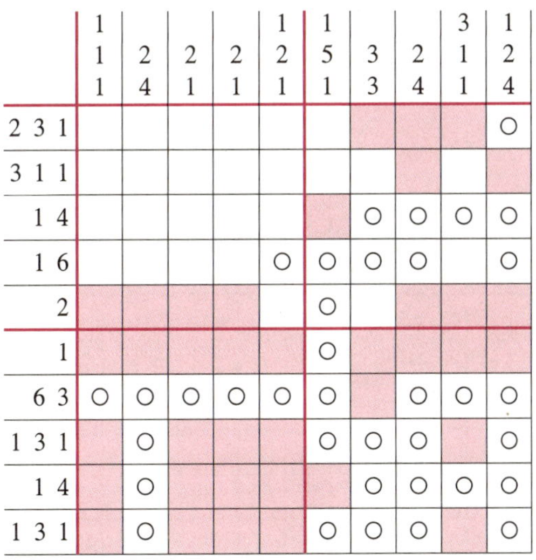

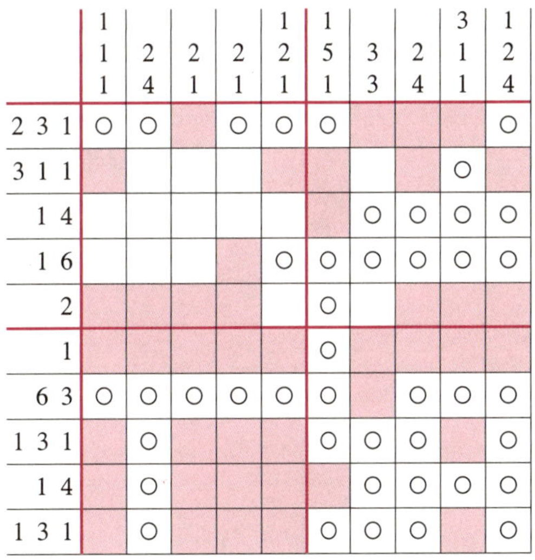

	1 1 1	2 4	2 1	2 1	1 2 1	1 5 1	3 3	2 4	3 1 1	1 2 4
2 3 1	○	○		○	○	○				○
3 1 1		○	○	○			○		○	
1 4			○				○	○	○	○
1 6	○				○	○	○	○	○	○
→ 2					○	○				
1						○				
6 3	○	○	○	○	○	○		○	○	○
1 3 1		○				○	○	○		○
1 4		○					○	○	○	○
1 3 1		○				○	○	○		○

다음 두 가지 원칙을 기억하면서 이제 더 어려운 15×15 네모로직을 풀어봅시다.

(원칙 1) 수의 합과 두 수 사이의 개수를 더한 것이 15인 것이 있으면, 그 줄을 먼저 채운다.

(원칙 2) 수의 합과 두 수 사이의 개수를 더한 것이 15에 가까운 줄은 공통으로 들어가는 칸을 채운다.

다음 네모로직을 푸시오.

(1)

	2 1	1 4	2 3	1	4 4	1 1	1 3	1 3	2 3 1	1 3 1
2 5										
3 2										
1 1										
1 1										
1 2										
1 2										
3 1 3										
1 4										
1 1 4										
1 1 1										

(2)

	1 3 1	1 2	1 3	3 1	1	3	2 3 2	2 2	1 1	2 1	1 1	1 1 1	3 1 1	4 2 1	4 4
1 2 3															
4 4 3															
1 6															
2															
1 1															
3 1															
3 1 5															
4 2															
1 3 1															
5 4															

(3)

	1 2	1 4 1	1 6 1	1 1 5	1 1 7	1 2 4	1 1 3	2 2 5 1	12 1	2 2 6	1 2 3 1	1 7	1 3 1	1 2 1	1 2
3															
6															
6															
2 2															
2															
6															
1 1 3															
1 1 1 2															
1 1 2 4															
2 1 8															
13															
12															
9 1 1															
3 4															
3 3															

(4)

	1 1 1	2 2	1 3	3 1 3 1	2 1 4 1	4 8	2 1 5	5 6	12	4 2 6	3 2 1	3 1	4	3	2
5															
7															
1 1 3															
7															
1 3															
1 1															
5 4															
9															
7 4															
9 4															
4 6 3															
6															
1 1															
1 1															
3 3															

(5)

	4	1 4 2	5 4	1 4 4	5 2 2	6 1 2	4 2 2	4 1 3	6 2	7 4	1 5 2	1 4 4	6 3	1 5 4	1 5 3	11 1	11	10	10	8
5																				
1 1 2 2 2																				
7 1 1 1																				
8 2 2 1																				
16																				
1 1 14																				
1 13																				
12																				
2 6																				
3 1 5																				
3 1 7																				
3 1 9																				
3 1 11																				
12 4																				
8 4																				

(6)

	3 2	1 6 2	1 3 2 2	1 5 2 2	1 6 4 1	2 5 2 2	2 4 2	2 1	1 1 2	2 2 1 1	1 1 2 1	1 4 1 1	1 2 3 1	1 1 2 2 1	1 1 2 1	2 1 1 2 2 1	2 2 2 2 1	2 13	2 4	6
6 2																				
1 2 3																				
5 2 2 1																				
5 3 2 1																				
6 7 2																				
1 4 3																				
1 4 2																				
2 3 2																				
2 1 2																				
2 3 3																				
2 1																				
2 6																				
2 2 2																				
2 1 1 1 1																				
2 1 1 1 1																				
2 2 2																				
1 2 2 6																				
2 6 1																				
3 1																				
8																				

Ⅱ

M.A.T.H.E.M.A.T.I.C.S

수표

정사각형을 가로와 세로로 연결한 그림을 **모눈종이**라 하며, 정사각형 하나하나를 **모눈**이라 합니다. 모눈이 가로로 m개, 세로로 n줄이 있는 직사각형 모양의 모눈종이를 **m×n 모눈종이**라 하는 것은 이미 설명하였습니다.

m×n 모눈종이의 모눈에 주어진 조건을 만족시키도록 자연수를 채워 넣은 것을 **m×n 수표**라 합니다. 다시 말하면 **수표**란 자연수를 나열한 표를 의미합니다.

모눈종이에 자연수를 채워 넣는 과정은 재미가 있으며, 여러 가지로 생각을 해야 합니다. 그리고 우리가 이미 알고 있는 수학적 사실이나 개념을 응용하여 논리적으로 사고해야 합니다.

우리는 신문이나 책에서 '스도쿠'라는 놀이를 본 일이 있을 것입니다. **스도쿠**(sudoku)는 9×9 모눈종이에 1부터 9까지의 수를 채워 넣은 9×9 수표입니다. 스도쿠 놀이는 시간이 많이 걸리기는 하지만, 빈 칸에 수를 채워가는 과정이 재미있기도 하고 머리도 많이 써야 합니다. 그리고 수표를 완성한 후의 쾌감은 오래도록 기억될 것입니다.

이 장에서 우리는 스도쿠 놀이를 하기 전에 수표를 만드는 몇 가지 문제를 풀어보고, 수표에 관한 재미있는 문제도 해결할 것입니다. 여러분들은 이런 과정을 통하여 스도쿠를 푸는 몇 가지 원리를 알아보고, 이 원리를 응용하여 스도쿠 놀이의 즐거움을 느껴보시기 바랍니다.

1 여러 가지 수표

오늘은 여러분들과 여러 가지 조건을 만족시키는 표를 만들어 보겠습니다.
먼저 다음 문제를 생각해 봅시다.

(그림 1)과 같이 25개의 보석함이 놓여 있습니다. 이 중에 5개의 보석함에만 보석이 들어 있습니다. 가로, 세로, 대각선에 놓인 보석함 중에는 1개만 보석이 들어 있습니다. 보석함 6에 보석이 들어 있을 때, 보석이 들어 있는 나머지 보석함 4개를 더 찾으시오.

1	2	3	4	5
6	7	8	9	10
11	12	13	14	15
16	17	18	19	20
21	22	23	24	25

(그림 1)

▸▸ 선생님, 대각선에 놓인 보석함이라는 말이 무엇을 의미하는지 잘 모르겠어요. 8의 대각선에 놓인 보석함이 무엇인지를 말해주세요.

그래요. (그림 1)에서 8의 대각선에 놓인 보석함이 무엇인지 알아봅시다.
먼저 ／ 방향으로 놓인 것은 4, 12, 16이지요. 다음에 ＼ 방향으로 놓인 것은 ( ), ( ), ( )입니다.

▸▸ 이제 알겠어요. 보석함 6에 보석이 들어 있으므로 6의 가로, 세로, 대각선에 놓인 보석함은 모두 비어 있어요. 비어 있는 것을 색칠하면 (그림 1-1)과 같습니다.

1	2	3	4	5
6	7	8	9	10
11	12	13	14	15
16	17	18	19	20
21	22	23	24	25

(그림 1-1)

▸▸ 남은 보석함 중에서 3에 보석이 들어 있다고 하고, 가로, 세로, 대각선에 놓인 보석함을 지우니 (그림 1-2)가 되었습니다.

1	2	3	4	5
6	7	8	9	10
11	12	13	14	15
16	17	18	19	20
21	22	23	24	25

(그림 1-2)

▸▸ 여기에서 보석함 14에 보석이 들어 있다고 합시다. 그러면 같은 방법으로 지워 (그림 1-3)이 됩니다. 남은 것은 17과 25인데, 이들은 가로, 세로, 대각선의 위치에 있지 않으므로 모두 보석이 들어 있습니다. 따라서 구하는 보석함은 6, 3, 14, 17, 25입니다.

1	2	3	4	5
6	7	8	9	10
11	12	13	14	15
16	17	18	19	20
21	22	23	24	25

(그림 1-3)

잘 했습니다. 다른 학생도 생각한 것을 말해봐요.

▸▸ 저는 (그림 1–1)에서 3을 택하지 않고 4를 택했습니다. 그리고 가로, 세로, 대각선에 놓인 보석함을 지웠더니 (그림 1–4)가 되었어요.

1	2	3	4	5
6	7	8	9	10
11	12	13	14	15
16	17	18	19	20
21	22	23	24	25

(그림 1–4)

▸▸ (그림 1–4)에서 17에 보석이 들어 있다고 하면 13, 22, 23, 20이 지워지고, 남은 것은 15와 25입니다. 그런데 15와 25는 같은 세로줄에 있으므로 동시에 보석이 있을 수 없으므로 15나 25의 한 곳에만 보석이 들어 있게 되어 결국은 4개에만 보석이 들어 있게 되지요.

그러면 (그림 1–4)에서 13에 보석이 들어 있다고 하면 어떻게 되겠어요?

▸▸ 13에 들어 있다면, 17, 23, 15, 25가 지워지지요.(그림 1–5) 그러면 보석함 20과 22가 남습니다. 따라서 보석함 6, 4, 13, 20, 22의 5개를 찾을 수 있습니다.

1	2	3	4	5
6	7	8	9	10
11	12	13	14	15
16	17	18	19	20
21	22	23	24	25

(그림 1–5)

이 구한 것과 다르지만, 5개를 잘 찾았습니다. 또 다른 방법은 없을까요?

▸▸ 저는 (그림 1–1)에서 5를 택했습니다. 그리고 가로, 세로, 대각선에 놓인 보석함을 지워 (그림 1–6)이 되었어요.

1	2	3	4	5
6	7	8	9	10
11	12	13	14	15
16	17	18	19	20
21	22	23	24	25

(그림 1-6)

▸▸ 그런데 (그림 1-6)에서 14나 23, 또는 19나 22를 택할 수밖에 없는데, 어느 경우나 구하는 보석함이 4개밖에 되지 않아요.

그렇습니다. 보석이 들어 있는 보석함을 택할 때, 어느 것을 택하는 가에 따라 5개를 모두 찾을 수도 있고, 4개밖에 찾지 못하는 경우도 있답니다.
또 다른 보석함 5개를 찾을 수 있는지 생각해 보고, 6, 3, 14, 17, 25와 6, 4, 13, 20, 22의 두 가지 경우뿐인지를 확인해 보세요.

5×5 모눈종이에서 생각할 수 있는 다음 문제를 풀어봅시다.

(그림 2)의 5×5 모눈종이에서 모든 가로줄이나 세로줄에는 수 1, 2, 3, 4, 5가 한 번씩 들어갑니다. 빈 칸을 채우시오.

		2		4
				5
1		4		
	3			
		1	4	

(그림 2)

먼저 (그림 3-1)을 보고, 이 그림의 모눈을 표시하는 방법을 생각해 봅시다. (그림 3-1)의 왼쪽과 위에 ①부터 ⑤까지 수를 써 넣은 (그림 3-2)를 생각합시다.

5	1	3	4	2
4	2	5	3	1
3	5	2	1	4
2	4	1	5	3
1	3	4	2	5

(그림 3-1)

	①	②	③	④	⑤
①	5	1	3	4	2
②	4	2	5	3	1
③	3	5	2	1	4
④	2	4	1	5	3
⑤	1	3	4	2	5

(그림 3-2)

(그림 3-2)에서 (②, ⑤)는 가로줄 ②와 세로줄 ⑤가 만나는 수 1을 나타내며, (④, ②)는 가로줄 ④와 세로줄 ②가 만나는 수 4를 나타냅니다. 이것을 (②, ⑤) → 1, (④, ②) → 4로 씁니다.

(그림 3-2)를 보고 다음 □안에 알맞은 수를 넣으시오.

(⑤, ④) → □　　(②, ①) → □　　(①, ⑤) → □

(①, □) → 3　　(□, ③) → 2　　(⑤, □) → 5

다시 문제로 돌아가서, (그림 2)의 어느 빈 칸에 넣을 수 있는 수를 누가 말해 보아요.

▸▸ ……

그러면 선생님이 힌트를 하나 주지요.

(②, ③) → □에서 □에 들어갈 수 없는 수는 무엇일까요?

▸▸ 알았어요. (②, ③)에는 가로줄 ②에 5가 있고, 세로줄 ③에 2, 4, 1이 있으므로 1, 2, 4, 5가 들어갈 수 없어요. 그러므로 (②, ③) → 3입니다.

잘 생각했습니다. 그러면 다음에 쉽게 채울 수 있는 모눈이 있지요.

▸▸ (④, ③) → 5입니다.

잘했어요. 세로줄 ③에 1, 2, 3, 4가 있으므로 나머지 빈 칸에는 5가 들어가지요. (그림 2-1) 에서 계속 찾아볼까요?

		2		4
		3		5
1		4		
	3	5		
		1	4	

(그림 2-1)

▸▸ ……

▸▸ 선생님, 빈 칸 어느 곳도 하나의 수가 들어가는 것을 찾을 수가 없어요. (①, ①)은 3이나 5가 들어가고, (④, ①)은 2나 4가 들어가고, ……

▸▸ 찾았어요! 저는 수 4를 생각해 보았어요. 세로 줄 ③, ④, ⑤에 모두 4가 들어 있으므로 세로 줄 ①, ②에 4가 들어가야 됩니다. 그래서 4는 (②,②), (④,①)에 들어가요. (그림 2-2)

		2		4
	4	3		5
1		4		
4	3	5		
		1	4	

(그림 2-2)

▸▸ (②,①) → 2이고, (②,④) → 1입니다. 또 (④,④) → 2, (④,⑤) → 1입니다. (그림 2-3)

		2		4
2	4	3	1	5
1		4		
4	3	5	2	1
		1	4	

(그림 2-3)

▸▸ 1이 네 개가 있으므로 (①, ②) → 1입니다(그림 2-4). 다음에 빈 칸 (①, ④), (③, ①), ⋯, (⑤, ⑤) 중에 넣을 수 있는 수가 한 개로 결정되는 모눈이 없어요.

	1	2		4
2	4	3	1	5
1		4		
4	3	5	2	1
		1	4	

(그림 2-4)

▸▸ 저는 (①, ①)에 3을 넣고, 빈 칸을 모두 채웠어요.

3	1	2		4
2	4	3	1	5
1		4		
4	3	5	2	1
		1	4	

→

3	1	2	5	4
2	4	3	1	5
1	5	4	3	2
4	3	5	2	1
5	2	1	4	3

▸▸ 저는 (①, ①)에 5를 넣고, 빈 칸을 모두 채웠어요.

5	1	2		4
2	4	3	1	5
1		4		
4	3	5	2	1
		1	4	

→

5	1	2	3	4
2	4	3	1	5
1		4	5	
4	3	5	2	1
3		1	4	

→

5	1	2	3	4
2	4	3	1	5
1	2	4	5	3
4	3	5	2	1
3	5	1	4	2

5	1	2	3	4
2	4	3	1	5
1	5	4	5	3
4	3	5	2	1
3	2	1	4	5

잘 했습니다. 답은 모두 3가지이지요. 알맞은 수를 넣을 때, 가능한 한 많은 수를 먼저 찾고, 나머지 경우를 생각하면 됩니다.

다음 문제를 풀어 보세요.

다음 표에서 가로줄, 세로줄, 굵은 선 안의 5개의 칸에 수 1, 2, 3, 4, 5가 한번씩만 들어가도록 빈 칸을 채우시오.

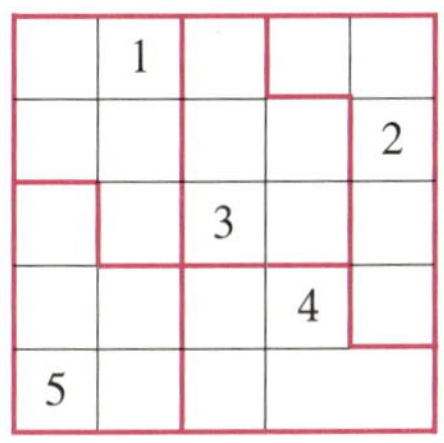

(그림 4)

2 스도쿠의 예비 지식

'스도쿠' 라는 말은 들어보았지요? 이미 신문이나 책에서 많은 사람들이 스도쿠 게임을 즐긴답니다. 먼저 다음 표를 살펴봅시다.

7	9	6	5	4	3	1	2	8
1	5	4	2	6	8	9	7	3
3	8	2	1	9	7	5	6	4
8	4	3	9	2	1	6	5	7
2	7	9	6	3	5	4	8	1
5	6	1	7	8	4	3	9	2
4	3	5	8	7	6	2	1	9
9	1	8	3	5	2	7	4	6
6	2	7	4	1	9	8	3	5

이 표는 다음과 같이 만들어져 있습니다.

(1) 9×9 모눈종이의 81개 칸에 1~9의 수가 하나씩 쓰여 있습니다.

(2) 9개의 모든 가로줄과 세로줄은 1~9의 수가 중복되지 않게 한 번씩만 쓰여 있습니다.

(3) 굵은 선으로 나뉜 9개의 3×3 모눈종이에는 1~9의 수가 중복되지 않게 한 번씩만 쓰여 있습니다.

이렇게 만들어진 9×9 모눈종이를 **스도쿠**라 합니다. 그리고 81개의 칸의 일부가 비어 있는 스도쿠를 완성시키는 놀이를 **스도쿠 게임**이라 합니다.

그러면 스도쿠 게임을 시작하기 전에 간단한 문제로 머리를 즐겁게 해 봅시다.

다음 4×4 모눈 종이에 가로줄, 세로줄, 작은 2×2 모눈종이에 1~4의 수를 한 번씩 만 넣어 표를 완성하시오.

	1	4	
			2
3			

먼저 설명을 간단히 하기 위하여 다음과 같이 기호를 약속합시다.

		Ⅰ		Ⅱ	
		①	②	③	④
Ⅰ	①	1	2	3	4
	②	3	4	1	2
Ⅱ	③	4	1	2	3
	④	2	3	4	1

위의 그림에서 (②, ③) → 1, (③, ①) → 4 인 것은 이미 설명하였습니다. Ⅰ, Ⅱ와 ①, ②, ③, ④가 섞인 것은 다음 그림을 의미합니다. 특히 ○은 들어갈 수 있는 모든 수를 나타내는 기호입니다.

(Ⅰ, Ⅰ)

1	2
3	4

(Ⅱ, Ⅰ)

4	1
2	3

(Ⅰ, Ⅱ)

3	4
1	2

(Ⅱ, Ⅱ)

2	3
4	1

(I, ①)

1
3

(②, I)

3	4

(II, ④)

3
1

(③, II)

2	3

(I, ○)

1	2	3	4
3	4	1	2

(○, II)

3	4
1	4
2	3
4	1

(④, ○)

2	3	4	1

(○, ③)

3
1
2
4

그러면 다음 빈 곳을 채워보세요.

(④, II)

(　　　)

3	4	1	2

(　　　)

2
4
1
3

(II, ○)

(②, ○)에서 ○은 ①, ②, ③, ④가 될 수 있으므로 (②, ○)은 가로줄 ②를 나타냅니다. 마찬가지로 (○, ③)은 세로줄 ③을 나타냅니다.
이제 기호의 뜻을 알았으면 문제를 풀어 봅시다.

▸▸ 저는 (①, ④)를 먼저 찾았어요. (①, ○)에 1, 4가, (○, ④)에 2가 있으므로 (①, ④)는 남은 수 3이 들어갑니다.

▸▸ 저는 (③, ②)를 먼저 찾았어요. (③, ○)에 2가, (○, ②)에 1이, (Ⅱ, Ⅰ)에 3이 있으므로 남은 수 4가 들어갑니다.

잘했어요. 이것을 채운 것이 그림 (1)이고, 이 그림에서 어떤 수를 더 넣을 수 있는지 계속해서 생각해 봅시다.

	1	4	3
	4		2
3			

(1)

▸▸ (①, ①) → 2, (③, ①) → 1, (②, ①) → 4, (③, ③) → 3입니다(그림 (2)).

잘 하고 있습니다. 그러면 이 그림을 완성시켜 보세요.

▸▸ 저는 다음과 같이 했어요. 하나씩 채우는 것이 아주 재미있어요.

2	1	4	3
4			
1	4	3	2
3			

(2)

2	1	4	3
4	3		
1	4	3	2
3	2		

(3)

2	1	4	3
4	3	2	1
1	4	3	2
3	2	1	4

(4)

다음 문제를 풀어봅시다.

다음 그림에서 굵은 선으로 둘러싸인 6개의 모눈과 가로줄, 세로줄의 6개의 모눈에 1~6의 수가 한번씩만 들어가도록 빈 칸을 모두 채우시오.

		4	2		
		2			1
1	5				3
					6
	4	1		3	
			6		

3 스도쿠를 푸는 방법

스도쿠 게임을 시작해 봅시다. 먼저 다음 스도쿠에서 기호의 뜻을 확인해 봅시다.

		Ⅰ			Ⅱ			Ⅲ		
		①	②	③	④	⑤	⑥	⑦	⑧	⑨
Ⅰ	①	4	7	3	5	9	1	8	2	6
	②	5	9	2	6	8	3	7	1	4
	③	8	1	6	2	4	7	3	9	5
Ⅱ	④	3	8	9	4	1	5	2	6	7
	⑤	1	5	7	8	6	2	4	3	8
	⑥	2	6	4	3	7	9	5	8	1
Ⅲ	⑦	9	4	5	1	3	8	6	7	2
	⑧	7	2	8	9	5	6	1	4	3
	⑨	6	3	1	7	2	4	9	5	8

(그림 1)

(그림 1)에서 (②, ④) → 6, (⑦, ③) → 5를 나타냅니다. (⑨, ○)은 가로줄 ⑨를, (○, ⑤)는 세로줄 ⑤를 나타냅니다. 또 (Ⅰ, ○)은 ○에 Ⅰ, Ⅱ, Ⅲ이 들어갈 수 있으므로 Ⅰ의 가로줄 27칸을 나타내며, (○, Ⅱ)도 ○에 Ⅰ, Ⅱ, Ⅲ이 들어 갈 수 있으므로 Ⅱ의 세로줄 27칸을 나타냅니다. 다음 기호에 해당되는 그림을 그려 봅시다.

(Ⅱ, Ⅲ)　　　　(Ⅱ, ②)　　　　(⑦, Ⅲ)

이제부터 스도쿠 게임을 하는 몇 가지 방법을 알아봅시다.

다음 그림은 스도쿠의 일부인 (Ⅰ, ○)을 나타낸 것입니다. 채울 수 있는 빈 칸에 수를 넣으시오.

		7		2	5	8		
1		6	9	8				
	2			4		6		9

▸▸ 저는 두 번 쓰인 수 2, 6, 8, 9를 주목하였습니다. 먼저 (Ⅰ, Ⅰ), (Ⅰ, Ⅲ)에 6이 있으므로 (Ⅰ, Ⅱ)에 6이 있어야 합니다. 또 (②, ○), (③, ○)에 6이 있으므로 (①, ○)에 6이 있어야 합니다. (Ⅰ, Ⅱ)와 (①, ○)의 공통인 곳은 (①, Ⅱ)이며, 이중에 빈 칸은 (①, ④)뿐이므로 여기에 6을 씁니다.

잘 했어요. 그러면 2, 8, 9가 들어갈 수 있는 곳을 찾아보세요.

▸▸ 저는 8을 주목했어요.
8은 (Ⅰ, Ⅱ), (Ⅰ, Ⅲ)에 있으므로, (Ⅰ, Ⅰ)에 있어야 하고, (①, ○)과 (②, ○)에 있으므로, (③, ○)에 있어야 합니다. 즉 (③, Ⅰ)에 8이 들어가는데, 빈 곳이 2개이므로 8을 넣을 수 있는 곳은 (③, ①)과 (③, ③) 중 하나입니다. 마찬가지로 2와 9도 넣을 수 있는 곳이 하나만 있지 않습니다. 넣을 수 있는 곳에 수를 채우면 다음과 같습니다.

9	9	7	6	2	5	8		
1		6	9	8		2	2	2
8	2	8		4		6		9

넣을 수 있는 곳이 2개 이상인 것은 찾은 것이 아닙니다. 물론 계속 수를 넣다보면 이것도 어떤 수를 넣어야 하는지 결정되겠지만, 그때까지는 확정된 것만 채우기로 합시다.
스도쿠가 다음과 같을 때, 확정된 수를 채우시오.

		7		2	5	8		
1		6	9	8				
	2			4		6		9
9		
	1	
6		4
		3
8		1

▸▸ 저는 다음과 같이 채웠어요.

	9	7	6	2	5	8		
1		6	9	8				
	2	8		4		6		9
9		
	1	
6		4
		3
8		1

▸▸ 더 채울 수 있어요. (○, Ⅰ)에서 두 번 나온 수 9, 6을 조사했어요. 그 중에서 9를 넣을 수 있었습니다.

	9	7	6	2	5	8		
1		6	9	8				
	2	8		4		6		9
9		
	1	
6		4
		9
		3
8		1

잘 했어요. 이것이 스도쿠 게임의 (방법 1)입니다.

(방법 1) (Ⅰ, ○), (Ⅱ, ○), (Ⅲ, ○) 이나 (○, Ⅰ), (○, Ⅱ), (○, Ⅲ)에 한 수가 두 개 있을 때, 확정되는 나머지 한 개를 찾는다.

다음 스도쿠를 (방법 1)만 사용하여 넣을 수 있는 곳에 수를 채우시오.

		7		2	5	8		
1		6	9	8				
	2			4		6		9
9					6	2		1
	1						8	
6		4		1				
				3			7	
	5	3				1		2
8		1	5	9				

(그림 2)

▸▸ 저는 (방법 1)을 사용하여 다음과 같이 구했어요.

	9	7	6	2	5	8		
1		6	9	8			2	
	2	8		4		6		9
9					6	2		1
	1						8	6
6		4		1				
	6	9		3		5	7	8
	5	3		6		1	9	2
8		1	5	9			6	

(그림 2-1)

이 만든 스도쿠를 더 완성하는 방법은 없을까요?

▸▸ 저는 (○, ③)에 초점을 맞추었습니다. 모두 7개가 채워져 있으므로 남은 두 수 2, 5를 빈 칸에 채웁니다. 그런데 (④, ○)에 2가 있으므로 (④, ③)은 2가 들어갈 수 없어 5를 채우고, 남은 빈 칸에 2를 채웁니다.

▸▸ 저도 (○, ⑤)의 빈 칸 두 개에 5, 7를 채웠어요.

▸▸ 지금 , 가 구한 것을 채우고, (방법 1)을 사용하여 2, 5, 7에 초점을 맞추어 채울 수 있는 칸을 모두 넣었어요. (그림 2-2)

	9	7	6	2	5	8		
1		6	9	8			2	5
5	2	8		4		6		9
9		5		7	6	2		1
	1	2		5			8	*6*
6		4		1			5	
	6	9		3		5	7	8
	5	3		6		1	9	2
8		1	5	9			6	

(그림 2-2)

와 가 구한 것이 (방법 2)입니다.

(방법 2) 가로줄, 세로줄 3×3 모눈의 칸 9개 중에서 많이 채워진 곳의 빈 칸을 채운다.

▸▸ 선생님, 많이 채워진 곳이란 무슨 의미입니까?

9개의 수 중에서 8개가 채워지면 나머지 한 칸은 확정됩니다. 그러니까 빈 칸이 2개, 3개, 4개의 순으로 많이 채워진 것입니다. 그러나 빈 칸이 5개 이상이면 이 방법을 사용하기가 어려워요.

▸▸ 만일 빈 칸이 2개 또는 3개인데도 빈 칸 모두가 확정되지 않으면 어떻게 하지요?

앞의 스도쿠에서 (Ⅲ, Ⅲ)의 빈 칸은 2개인데, 확정되지 않지요. 이런 경우에는 빈 칸 2개에 들어갈 두 수가 결정되므로 다른 수는 넣을 수 없지요. 즉 (⑨, ⑦)과 (⑨, ⑨)에 3, 4가 들어가며, 다른 수는 넣을 수 없습니다. 이 경우 (⑨, ⑦)과 (⑨, ⑨)에 (3, 4)로 나타냅시다. 마찬가지로 빈 칸 3개에 들어갈 세 수가 결정되면 다른 수는 넣을 수 없지요. 만일 2, 5, 6이 들어갈 3칸이 결정되면 세 곳에 (2, 5, 6)으로 나타냅니다. 이것이 (방법 3)입니다.

(방법 3) 두 칸에 들어갈 두 수가 결정되면 다른 수는 들어갈 수 없다. 마찬가지로 세 칸에 들어갈 세 수가 결정되면 다른 수는 들어갈 수 없다.

▸▸ (그림 2-2)의 (⑨, ⑦)과 (⑨, ⑨)에 들어갈 수가 3, 4이므로 (⑨, ○)의 나머지 빈 칸은 2와 7을 넣을 수 있습니다. 그래서 (⑨, ②) → 7, (⑨, ⑥) → 2입니다.

▸▸ 7과 2를 채운 후에, (방법 1)을 이용하여 빈 칸을 채울 수 있습니다. 이것이 (그림 2-3)입니다.

3	9	7	6	2	5	8		
1	4	6	9	8			2	5
5	2	8		4		6		9
9		5		7	6	2		1
7	1	2		5			8	6
6		4	2	1			5	
2	6	9		3		5	7	8
4	5	3		6		1	9	2
8	7	1	5	9	2	(3,4)	6	(3,4)

(그림 2-3)

3 스도쿠를 푸는 방법

잘 했습니다. (방법 2)와 (방법 3)을 이용하여 빈 칸을 채웠을 때, 반드시 (방법 1)을 이용하여 채울 수 있는 빈 칸을 다시 찾아야 합니다. 즉 (방법 1)은 스도쿠 게임을 할 때, 가장 자주 쓰이며, 중요하기도 합니다.

다음 표를 보고 채울 수 있는 빈 칸을 채우시오.

	3		6	2	5			
1		6	9					
	4	7			3			
				8				
				4				

▸▸ (방법 1)을 이용하여 채울 수 있는 빈 칸이 없습니다.

▸▸ 저는 (①, Ⅱ)가 6, 2, 5로 모두 채워져 있는 것이 주목하였습니다. (Ⅰ, Ⅰ)에 들어 있는 수 1, 3, 4, 6, 7 중 (Ⅰ, Ⅱ)에 없는 수는 1, 4, 7입니다. 먼저 4를 생각했습니다. (③, Ⅰ)에 4가 있으므로 (③, Ⅱ)에는 4를 넣을 수 없고, (①, Ⅱ)는 모두 채워져 있어 4를 넣을 수 없으므로 4는 (②, Ⅱ)에 들어갑니다. 그런데 (○, ⑤)에 4가 있으므로 (②, ⑥) → 4입니다. 마찬가지로 (②, ⑤) → 7입니다.

▸▸ 저도 가 한 것과 같이 수를 채웠어요.
(Ⅰ, Ⅱ)에서 빈 칸이 (③, ④), (③, ⑤)인데, 이곳에 1과 8이 들어갑니다. 그런데 (①, ⑤)에 8이 있으므로 다음 그림과 같이 채울 수 있습니다.

	3		6	2	5			
1		6	9	7	4			
	4	7	8	1	3			
				8				
				4				

잘 했습니다. 이것을 (방법 4)라 하겠습니다.

(방법 4) (Ⅰ, Ⅰ)과 같은 3×3 모눈종이에서 가로나 세로로 세 칸이 모두 채워져 있을 때, 그 수 이외의 다른 수를 채울 수 있는지 조사한다.

(방법 4)를 이용하여 다음 문제를 푸시오.

스도쿠의 일부인 다음 빈 칸에 채울 수 있는 곳에 수를 넣으시오.

			1	2	3		5	6
4	5	6	7		9			
	2	3				7	8	9

▸▸ (②, ⑤)는 4, 5, 6이 들어갈 수 없으므로 (③, Ⅱ)에 4, 5, 6이 들어가고, (①, Ⅲ)에 4, 5, 6이 들어갑니다. 그런데 4가 없으므로 빈 칸에 4를 채웁니다. 마찬가지로 다음과 같이 채울 수 있습니다.

(7	8	9)	1	2	3	4	5	6
4	5	6	7	8	9	(1	2	3)
1	2	3	(4	5	6)	7	8	9

▸▸ 저는 (방법 4)를 이용하여 (그림 2-3)을 완성했어요.
먼저 (①, Ⅲ)을 완성하고 (방법 1)을 이용하여 ①, ②, ③의 순서로 수를 찾았습니다. 그리고 (방법 1)을 이용했습니다. 이것이 (그림 2-4)입니다.

3	9	7	6	2	5	8	①1	4
1	4	6	9	8	3	7	2	5
5	2	8	(1,7)	4	(1,7)	6	3	9
9	(3,8)	5	(3,8)	7	6	2	4	1
7	1	2		5		(3,9)	8	6
6	(3,8)	4	2	1		(3,9)	5	③7
2	6	9	(1,4)	3	(1,4)	5	7	8
4	5	3	(7,8)	6	(7,8)	1	9	2
8	7	1	5	9	2	4	6	②3

(그림 2-4)

▸▸ 나머지 빈 칸은 채울 수가 없어요.

(③, ④), (③, ⑥)에 들어갈 수는 1과 7이지요. 이때, (③, ④) → 1, (③, ⑥) → 7로 놓거나, (③, ④) → 7, (③, ⑥) → 1로 놓을 수 있습니다.

▸▸ 저는 (③, ④) → 1, (③, ⑥) → 7로 놓고 완성했습니다. (그림 2-5)

3	9	7	6	2	5	8	1	4
1	4	6	9	8	3	7	2	5
5	2	8	1	4	7	6	3	9
9	3	5	8	7	6	2	4	1
7	1	2	3	5	4	9	8	6
6	8	4	2	1	9	3	5	7
2	6	9	4	3	1	5	7	8
4	5	3	7	6	8	1	9	2
8	7	1	5	9	2	4	6	3

(그림 2-5)

▸▸ 저는 (③, ④) → 7, (③, ⑥) → 1로 놓고 완성했습니다. (그림 2-6)

3	9	7	6	2	5	8	1	4
1	4	6	9	8	3	7	2	5
5	2	8	7	4	1	6	3	9
9	8	5	3	7	6	2	4	1
7	1	2	4	5	9	3	8	6
6	3	4	2	1	8	9	5	7
2	6	9	1	3	4	5	7	8
4	5	3	8	6	7	1	9	2
8	7	1	5	9	2	4	6	3

(그림 2-6)

잘 했습니다. 이같이 한 가지로 결정되지 않는 경우는 가능한 경우로 나누어 찾아 봅니다. 이때, 어느 한 경우는 같은 줄에 같은 수가 2번 나오는 것과 같이 스도쿠가 완성되지 못하는 경우가 있는데, 이런 경우는 제외하고 완성되는 것만 구합니다. 또 이 문제와 같이 스도쿠가 2개 이상 만들어지는 경우도 있습니다.

(방법 5) 가능한 한 많이 수를 넣고, 한 가지로 결정되는 빈 칸이 없는 경우에는 2가지나 3가지의 경우로 나누어 완성한다.

다음 스도쿠를 완성하시오.

					5	6		9
				2	7	4		
		3		6				2
	7						5	
5		8				9		3
	1						6	
1			2	7		8		
		7	4	1				
6		4	3					

(그림 3)

▸▸ (방법 1)을 이용하여 채울 수 있는 빈 칸이 전혀 없습니다. 그래서 풀 수가 없어요.

▸▸ (Ⅲ, ④)가 모두 채워져 있으므로 (방법 4)를 이용했어요. (Ⅰ, Ⅱ)의 2, 5, 6, 7 중 (Ⅲ, Ⅱ)에 없는 수는 5, 6이며, 5를 채울 수 있어요. 그리고 (방법 1)을 이용했어요. (그림 3-1)

					5	6		9
				2	7	4		
		3		6				2
	7						5	
5		8				9		3
	1		5				6	
1			2	7		8		
		7	4	1				
6		4	3	①5				

(그림 3-1)

다음에 빈 칸을 채우기가 매우 어렵지요. 이제 빈 칸의 모양을 살펴봅시다. (Ⅰ, Ⅱ)에서 다음의 점선에 공통인 수가 있는지 조사합시다.

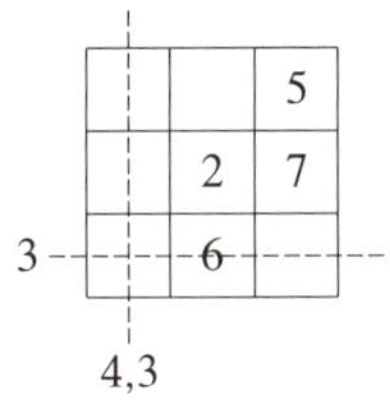

(공통인 수: 3)
(①, ⑤) → 3

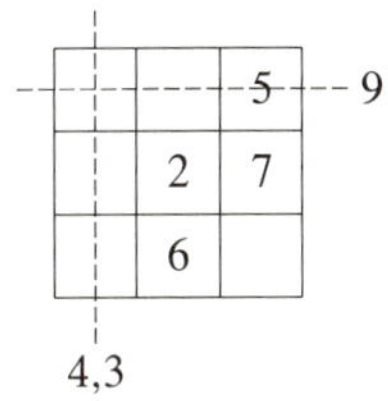

(공통인 수가 없다.)
(③, ⑥) → 결정되지 않는다.

이와 같이 3×3 모눈에서 이 모눈의 밖에 놓인 가로줄과 세로줄에 공통인 수가 있으면 그 줄 이외의 나머지 빈 칸에 공통인 수를 넣으면 됩니다.

> (방법 6) 3×3 모눈에서 가로 한 줄과 세로 한 줄을 제외하면 빈 칸이 한 개가 될 때, 3×3 모눈 밖에서 가로줄과 세로줄에 공통인 수를 한 개의 빈 칸에 넣는다.

▸▸ 제가 (방법 6)을 이용하여 채웠어요. 그리고 (방법 4)를 다시 이용했어요.

				①3	5	6		9
				2	7	4	3	
		3		6	②4			2
	7						5	
5		8				9		3
	1		5				6	
1	3		2	7		8		
		7	4	1		3		
6		4	3	5				

(그림 3-2)

▸▸ 저는 (방법 3)을 이용하여 (Ⅰ, ④)에 1, 8, 9를 넣으면 (Ⅱ, ④)에 6, 7이 들어가므로 이것을 채웠어요. 다시 (Ⅱ, ⑤), (Ⅱ, ○), (Ⅲ, ⑥)에 들어갈 세 수를 찾았어요. 그리고 (방법 1)을 이용했어요. 또 (방법 4)를 이용하여 (⑦, ③) → 5를 찾고 (방법 1)을 이용했어요.

		③1	1	3	5	6		9
	5	6	8	2	7	4	3	
		3	9	6	4	5		2
	7		②6	(8,9)	1		5	
5	6	8	①7	4	2	9		3
	1		5	(8,9)	3		6	
1		④5	2	7	6	8		
		7	4	1	8	3		5
6		4	3	5	9			

(그림 3-3)

▸▸ 저는 먼저 (방법 3)을 이용하여 (Ⅱ, Ⅰ)의 2칸에 두 수를 채우고, 또 (방법 2)를 이용하여 (①, ○)의 빈 칸을 채웠어요.

2	②4	1	1	3	5	6	①7	9
	5	6	8	2	7	4	3	
7		3	9	6	4	5		2
(3,4)	7	(2,9)	6	(8,9)	1		5	
5	6	8	7	4	2	9		3
(3,4)	1	(2,9)	5	(8,9)	3		6	
1	3	5	2	7	④9	8	⑤4	③6
		7	4	1	6	3		5
6		4	3	5	8			

(그림 3-4)

▸▸ (④, ⑨)와 (⑥, ⑨)에는 4, 8이 들어가므로 (③, ⑧) → 8입니다. 그리고 (Ⅰ, ○)을 모두 채웁니다. (Ⅲ, Ⅰ)의 빈 칸에 2, 8, 9를 채웁니다. 그리고 (Ⅲ, ○)을 완성합니다. 그러면 나머지는 쉽게 완성할 수 있습니다.

2	4	1	8	3	5	6	7	9
8	5	6	②9	2	7	4	3	1
7	9	3	1	6	4	5	①8	2
(3,4)	7	(2,9)	6	(8,9)	(1,3)		5	(4,8)
5	6	8	7	4	2	9	1	3
(3,4)	1	(2,9)	5	(8,9)	(1,3)		6	(4,8)
1	3	5	2	7	9	8	4	6
③9	8	7	4	1	6	3	2	5
6	2	4	3	5	8	1	9	7

(그림 3-5)

잘 했습니다. 지금까지 여러분과 스도쿠 게임을 할 때 사용하는 방법 6가지를 알아보았습니다.

다음 스도쿠를 푸시오.

(1)

		2		3	6			
9		6	4	2			7	
	4			9			5	
		8				3		7
		3				6		
5		1				9		
	7		8	6			2	
	3				1	4		8
				4		7		

(2)

	5					9		1
7		3	2				4	6
9			1	5			2	
		1			9	3	6	
		9			4	1		
	7	2	3					
	9			3	2			4
8	3				7	2		5
4						8	9	

4 스도쿠

우리는 앞에서 스도쿠 게임을 하는 방법 6가지를 알아보았습니다. 이것을 여기에 다시 정리하겠습니다.

(방법 1) (Ⅰ, ○), (Ⅱ, ○), (Ⅲ, ○) 이나 (○, Ⅰ), (○, Ⅱ), (○, Ⅲ)에 한 수가 두 개 있을 때, 확정되는 나머지 한 개를 찾는다.

(방법 2) 가로줄, 세로줄 3×3 모눈의 칸 9개 중에서 많이 채워진 곳의 빈 칸을 채운다.

(방법 3) 두 칸에 들어갈 두 수가 결정되면 다른 수는 들어갈 수 없다. 마찬가지로 세 칸에 들어갈 세 수가 결정되면 다른 수는 들어갈 수 없다.

(방법 4) 3×3 모눈종이에서 가로나 세로로 세 칸이 모두 채워져 있을 때, 그 수 이외의 다른 수를 채울 수 있는지를 조사한다.

(방법 5) 가능한 한 많이 수를 넣고, 한 가지로 결정되는 빈 칸이 없는 경우에는 2가지나 3가지의 경우로 나누어 완성한다.

(방법 6) 3×3 모눈에서 가로 한 줄과 세로 한 줄을 제외하면 빈 칸이 한 개가 될 때, 3×3 모눈 밖에서 가로줄과 세로줄에 공통인 수를 한 개의 빈 칸에 넣는다.

다음 스도쿠를 완성하는 과정을 보고 어떤 방법으로 찾았는지 설명하시오.

	8	3		4				7
2	1	6		7				
4			3			8	5	
8			9	3	1			2
	2							
7			4	5	2			3
	4	7			3			8
				9		5	7	6
9				8		3	1	

(그림 1–1)

→

	8	3		4				7
2	1	6		7			3	
4	7		3			8	5	
8			9	3	1	7		2
3	2							
7			4	5	2		8	3
	4	7			3			8
	3	8		9		5	7	6
9		2		8		3	1	

(그림 1–2)

▸▸ 저는 (방법 1)을 이용하여 3을 찾았습니다.
(②, ⑧) → 3, (⑤, ①) → 3, (⑧, ②) → 3

▸▸ 저는 (방법 1)을 이용하여 8을 찾았습니다.
(⑧, ③) → 8

▸▸ 저는 2와 7을 (방법 1)을 이용해서 채웠어요.
(⑨, ③) → 2, (③, ②) → 7, (④, ⑦) → 7

▸▸ 저는 (방법 4)를 이용하여 8이 (⑤, Ⅱ)에 들어가므로, 8은 (⑥, Ⅲ)에 넣을 수 있습니다. 그런데 (③, ⑦) → 8이므로 (⑥, ⑧) → 8입니다.

잘 했어요. 계속해서 어떤 방법으로 찾았는지 다음 그림을 보고 순서대로 말하시오.

	8	3		4				7
2	1	6		7			3	
4	7		3			8	5	
8			9	3	1	7		2
3	2							
7			4	5	2		8	3
	4	7			3			8
	3	8		9		5	7	6
9		2		8		3	1	

(그림 1-2)

→

5	8	3		4				7
2	1	6		7			3	
4	7	9	3			8	5	
8	6		9	3	1	7		2
3	2							
7	9	1	4	5	2	6	8	3
6	4	7			3			8
1	3	8	2	9	4	5	7	6
9	5	2		8		3	1	4

(그림 1-3)

▸▸ (Ⅰ, Ⅰ)에 (방법 2)를 이용했습니다.
(①, ①) → 2,　(③, ③) → 9

▸▸ (Ⅲ, Ⅰ)에 (방법 2)를 이용했습니다.
(⑧, ①) → 1,　(⑦, ①) → 6,　(⑨, ②) → 5

▸▸ (○, ②)에 (방법 2)를 이용하면 다음을 찾을 수 있습니다.
(④, ②) → 6,　(⑥, ②) → 9

▸▸ (⑧, ○)에 (방법 2)를 적용하면 다음과 같습니다.
(⑧, ④) → 2,　(⑧, ⑥) → 4
그리고 (방법 1)을 적용하여 (⑨, ⑨) → 4를 구했습니다.

▸▸ (⑥, ○)에 (방법 2)를 적용했습니다.
(⑥, ③) → 1,　(⑥, ⑦) → 6

다음도 계속 알아봅시다.

5	8	3		4				7
2	1	6		7			3	
4	7	9	3			8	5	
8	6		9	3	1	7		2
3	2							
7	9	1	4	5	2	6	8	3
6	4	7			3			8
1	3	8	2	9	4	5	7	6
9	5	2		8		3	1	4

(그림 1-3)

→

5	8	3		4				7
2	1	6		7			3	
4	7	9	3	2	6	8	5	1
8	6	5	9	3	1	7	4	2
3	2	4		6				
7	9	1	4	5	2	6	8	3
6	4	7	5	1	3			8
1	3	8	2	9	4	5	7	6
9	5	2	6	8	7	3	1	4

(그림 1-4)

▸▸ (④, ○)에 (방법 2)를 적용했습니다. 그리고 (○, ③)을 완성했습니다.
(④, ⑧) → 4, (④, ③) → 5, (⑤, ②) → 4

▸▸ (③, ○)에 (방법 2)를 적용하면 다음과 같습니다.
(③, ⑨) → 1, (③, ⑥) → 6, (③, ⑤) → 2

▸▸ (○, ⑤)에 (방법 2)를 이용하였습니다.
(⑦, ⑤) → 1, (⑤, ⑤) → 6

▸▸ (⑨, ○)에 (방법 2)를 적용하여 찾았습니다.
(⑨, ⑥) → 7, (⑨, ④) → 6, (⑦, ④) → 5

이제 나머지 빈 칸을 어떻게 찾았는지 설명하여 봅시다.

5	8	3		4				7
2	1	6		7			3	
4	7	9	3	2	6	8	5	1
8	6	5	9	3	1	7	4	2
3	2	4		6				
7	9	1	4	5	2	6	8	3
6	4	7	5	1	3			8
1	3	8	2	9	4	5	7	6
9	5	2	6	8	7	3	1	4

(그림 1-4)

→

5	8	3	1	4	9	2	6	7
2	1	6	8	7	5	4	3	9
4	7	9	3	2	6	8	5	1
8	6	5	9	3	1	7	4	2
3	2	4	7	6	8	1	9	5
7	9	1	4	5	2	6	8	3
6	4	7	5	1	3	9	2	8
1	3	8	2	9	4	5	7	6
9	5	2	6	8	7	3	1	4

(그림 1-5)

조금 어려운 스도쿠 게임을 해 봅시다.

다음 스도쿠를 완성하는 과정에서 빈 칸을 채운 수의 순서를 쓰시오.

4			6				1	2
	2	7	8					
				1	9			8
8							7	3
		4		8		6		
5	3							9
7			1	2				
					8	3	5	
	1				4			7

(그림 2-1)

4	(8	9)	6				1	2
1	2	7	8	4				
(3	5	6)	2	1	9	7	4	8
8							7	3
	7	4		8		6		
5	3							9
7			1	2				
					8	3	5	1
	1				4			7

(그림 2-2)

4	(8	9)	6			5	1	2
1	2	7	8	4	5	9	3	6
(3	5	6)	2	1	9	7	4	8
8						(1,4)	7	3
9	7	4	3	8	1	6	2	5
5	3					(1,4)	8	9
7			1	2				4
					8	3	5	1
	1				4			7

(그림 2-3)

4	8	9	6			5	1	2
1	2	7	8	4	5	9	3	6
(3,6)	5	(3,6)	2	1	9	7	4	8
8	6					(1,4)	7	3
9	7	4	3	8	1	6	2	5
5	3					(1,4)	8	9
7	9	5	1	2	3	8	6	4
	4				8	3	5	1
	1	8			4	2	9	7

(그림 2-4)

4	8	9	6	3	7	5	1	2
1	2	7	8	4	5	9	3	6
6	5	3	2	1	9	7	4	8
8	6	1	9	5	2	4	7	3
9	7	4	3	8	1	6	2	5
5	3	2	4	7	6	1	8	9
7	9	5	1	2	3	8	6	4
2	4	6	7	9	8	3	5	1
3	1	8	5	6	4	2	9	7

(그림 2-5)

4 스도쿠

스도쿠 게임을 하는 과정입니다. 번호 순으로 빈 칸을 채우고, 마지막 그림의 빈 칸을 완성하시오.

⑤				4	⑥	2	5	
⑩	1	6		2	3			
				⑨		6	③	
	7		3			⑦		2
	5	9				3	1	
8	④				5		4	
⑧		8		①				
		⑪	6	8		4	7	②
	9	3		7				

→

3	②	③		4	6	2	5	
5	1	6		2	3			⑦
①	⑤	⑧		5		6	3	
⑪	7	⑩	3			5		2
⑫	5	9				3	1	
8	3	⑨			5		4	
7	⑥	8		3				
⑬	④	5	6	8		4	7	3
⑭	9	3		7				

→

3	8	7		4	6	2	5	
5	1	6		2	3			4
9	7	2		5		6	3	
6	7	4	3			5		2
2	5	9				3	1	
8	3	1			5		4	
7	6	8		3				
1	2	5	6	8		4	7	3
4	9	3		7				

다음 스도쿠를 완성하시오.

(1)

		2	3			8		
4		6			2			
		8			9		4	
2	9			4				
		5	2		8	3		
				5			6	2
	6		7			5		
			4			6		8
		7			6	4		

(2)

				6		5		
		7			9			4
5			4			1	3	
	2	1				6		
	6			1			2	
		5				9	1	
	9				1			3
7			8			2		
		3		2				

(3)

		1		2			3	
			4	5		2	6	
		2					7	
			7		4			1
8								4
3			6		2			
	9					5		
	5			6	3			
	4			7		8		

메모

memo

Ⅲ M.A.T.H.E.M.A.T.I.C.S

점판

우리는 학교에서 점판에 고무밴드를 걸어 여러 가지 도형을 만들어 보거나 도형의 다양한 성질을 알아보았습니다.

점판이란 이웃하는 두 점 사이의 거리가 일정하게 놓인 점들의 그림을 말합니다. 어떤 점의 **이웃점**이란 그 점에서 거리가 가장 가까운 점을 의미합니다.

이웃하는 두 점 사이의 거리가 1cm, 2cm, … 인 것을 1cm점판, 2cm점판, … 이라 합니다. 이웃하는 점을 연결한 도형이 정사각형 모양의 망이 되는 것과 정삼각형 모양의 망이 되는 두 가지의 점판이 있는데 이들을 각각 **정사각형 점판**, **정삼각형 점판**이라 합니다.

다음 그림은 1cm 정삼각형 점판과 2cm 정삼각형 점판을 보인 것입니다.

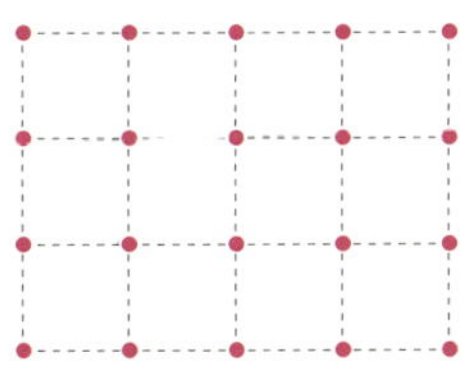

(1cm 정사각형 점판)

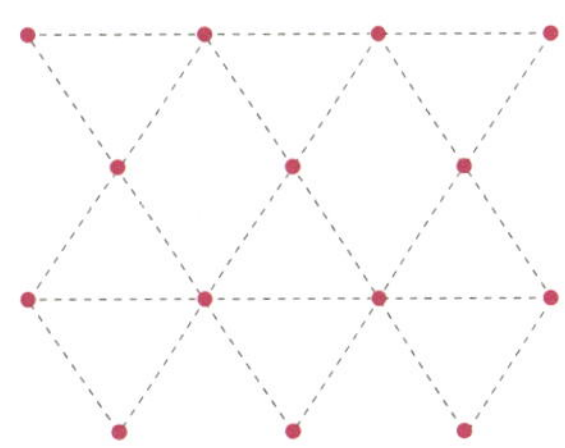

(2cm 정삼각형 점판)

점판을 이용하여 여러 가지 도형을 그릴 때, 특별한 점이 생기기도 하며, 공통되는 성질을 발견하기도 합니다. 이런 과정을 통하여 우리는 다양하게 생각할 수 있을 뿐만 아니라 수학이 재미있어질 것입니다.

우리는 이 장에서 점판에 대한 여러 가지 문제를 해결하는 과정을 통하여 수학의 새로운 세계와 만날 것입니다.

1 정사각형 점판

점판에 사각형을 그린다는 것은 점판의 점을 꼭지점으로 하는 사각형을 그린다는 것을 의미합니다. 또 네 점을 지나는 도형이란 사각형이 아닌 도형일 수도 있습니다. 다음 그림을 봅시다.

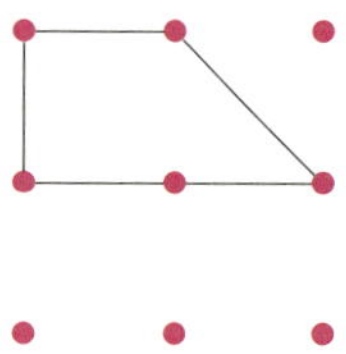
(그림 1-1)

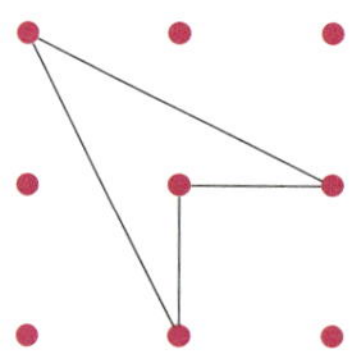
(그림 1-2)

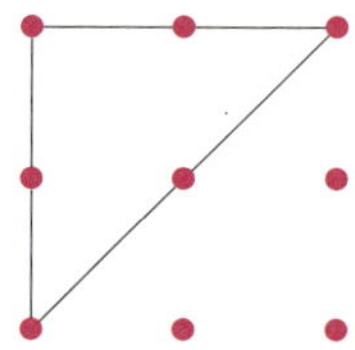
(그림 1-3)

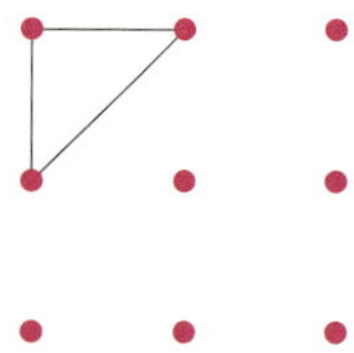
(그림 1-4)

(그림1-1)은 5점을 지나는 사각형을, (그림1-2)는 4점을 지나는 사각형을 그린 것입니다. 또 (그림1-3)은 6점을 지나는 삼각형을, (그림1-4)는 3점을 지나는 삼각형을 그린 것입니다.

먼저 다음 문제를 풀어 봅시다.

다음 (그림 2)는 16개의 점으로 이루어진 정사각형 점판에서 내부에 4점이 들어가도록 사각형을 그린 것입니다. 이와 같은 방법으로 (그림 3)의 점판에 진하게 표시된 3점이 내부에 들어가는 삼각형을 모두 그리시오.

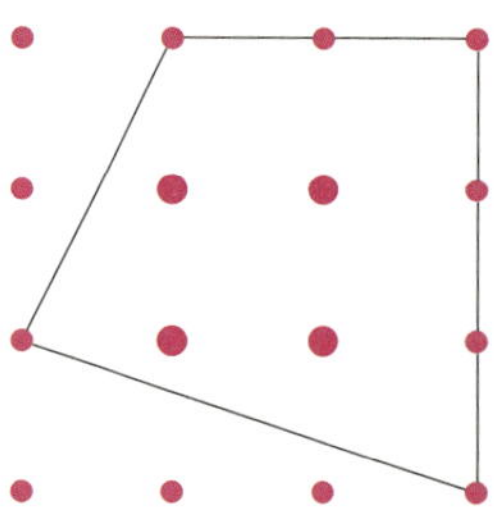
(그림 2)

(그림 3)

▸▸ 선생님, 저는 삼각형을 그릴 때, 먼저 귀퉁이에 있는 점을 한 꼭지점으로 하는 삼각형을 그렸어요. 다음 (그림 4)에서 네 귀퉁이의 점을 ㄱ, ㄴ, ㄷ, ㄹ 이라 놓았어요.

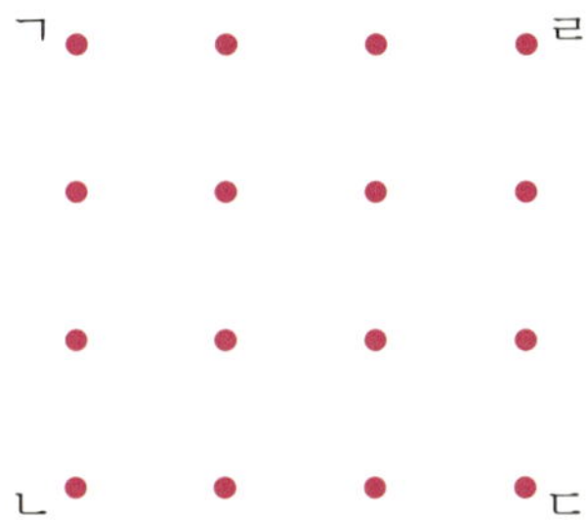

(그림 4)

점 ㄱ을 한 꼭지점으로 하는 삼각형을 그리면 다음의 3가지가 있습니다.

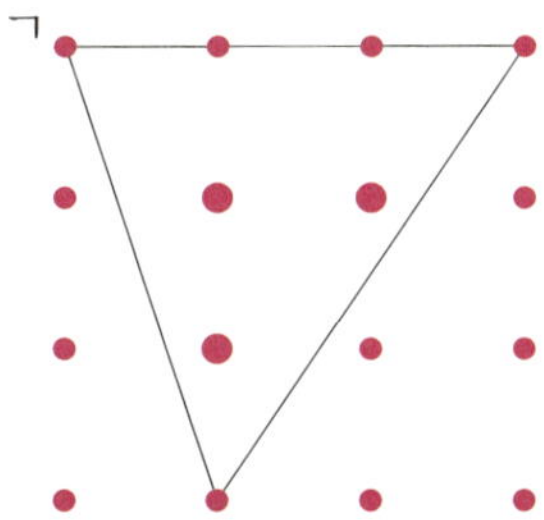

(그림4-1)

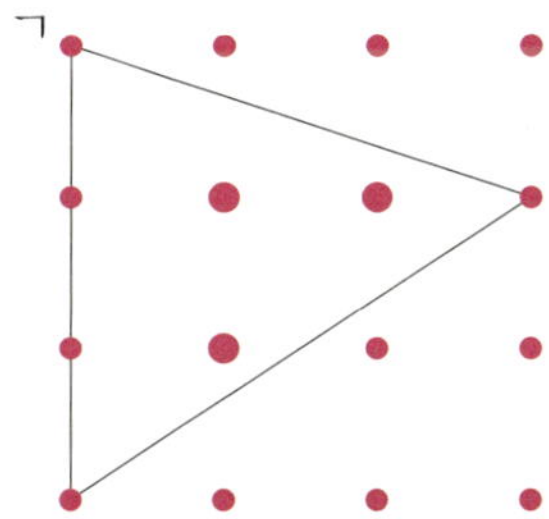

(그림 4-2)

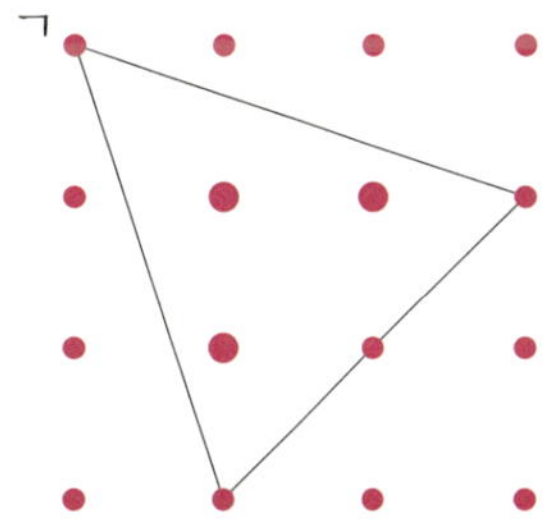

(그림 4-3)

▸▸ 저도 과 같이 점 ㄴ을 한 꼭지점으로 하는 삼각형을 그렸어요. 그런데 (그림 4-4)는 (그림 4-1)과 같아요. 그러므로 (그림 4-5)의 한 가지만 추가할 수 있어요.

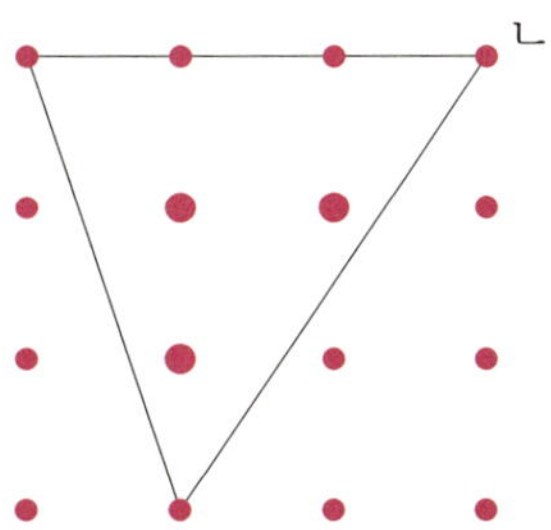

(그림 4-4)

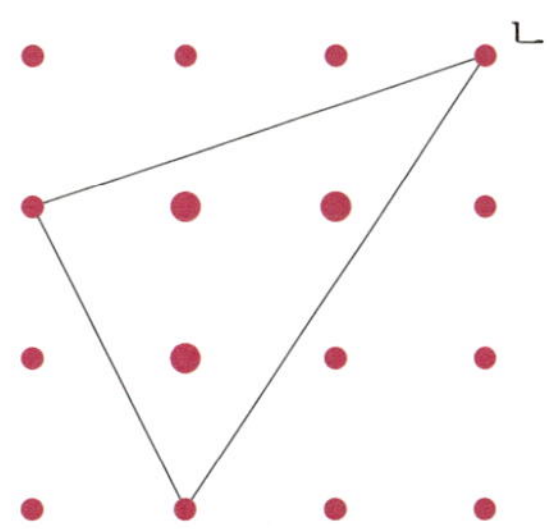

(그림 4-5)

▸▸ 저는 점 ㄷ을 한 꼭지점으로 하는 삼각형을 그리려고 했는데, 한 가지도 그릴 수가 없었어요. 그리고 점 ㄹ을 한 꼭지점으로 하는 삼각형을 그려 (그림 4–6)과 (그림 4–7)을 만들었어요. 그런데 (그림 4–6)은 (그림 4–2)와 같아요.

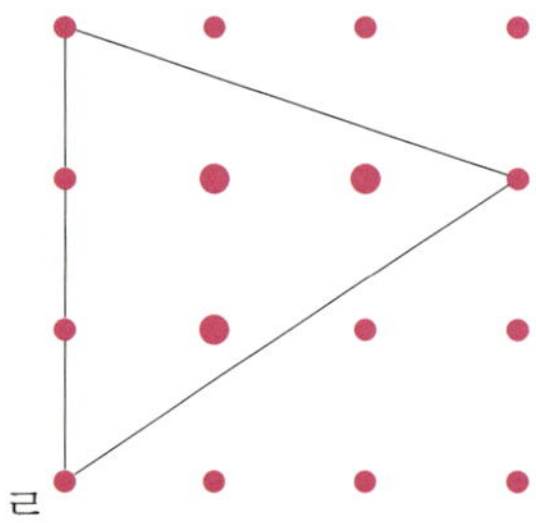

(그림 4–6)

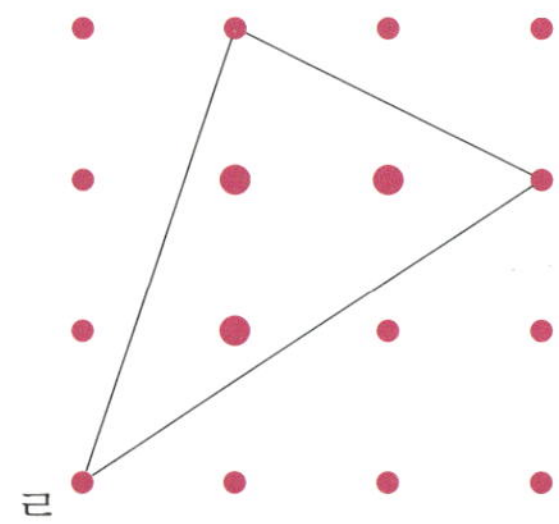

(그림 4–7)

그러면 서로 다른 그림은 모두 몇 가지일까요?

▸▸ 모두 5가지입니다.

더 그릴 수 없을까요? 누가 5가지 이외에 더 그릴 수 없음을 설명해 볼까요?

▸▸ ……

잘 생각해 봐요.

▸▸ 16개의 점 중에서 귀퉁이의 점 4개를 지우고, 나머지 점으로 그릴 수 있는지 조사하면 되겠군요. 선생님, 귀퉁이의 4개의 점을 지운 (그림 5)에서 진하게 표시된 세 점을 내부에 포함하는 삼각형은 그릴 수 없어요. 그러므로 5가지 이외에 그릴 수 있는 삼각형이 없어요.

(그림 5)

잘 했습니다. 모든 경우를 찾는 문제는 빠뜨린 것이 없는지, 그린 그림 중에서 겹쳐 그린 것은 없는지를 반드시 확인해야 합니다. 특히 빠뜨린 것이 없는지를 알려면, 어떤 기준이 있어야 합니다. 이 기준을 찾는 일이 **논리적 사고**입니다.
그러면 다음 문제를 풀어 봅시다.

다음 (그림6)과 같이 9개의 점으로 된 정사각형 점판에 모양이 다른 사다리꼴을 모두 그리시오.

(그림 6)

▸▸ 선생님, 정사각형이나 직사각형도 되나요?

사다리꼴은 어떤 사각형이지요?

▸▸ 한 쌍의 대변이 평행한 사각형입니다. 사각형에는 두 쌍의 대변이 있는데, 이 중에서 평행한 대변이 있기만 하면 사다리꼴입니다. 그러므로 정사각형, 직사각형, 평행사변형, 마름모는 모두 사다리꼴입니다.

그렇습니다. 이제 사다리꼴이 무엇인지 알았으면 그려보세요.

▸▸ 저는 (그림 6−1)과 같이 평행인 두 변을 긋고, 이들을 두변으로 하는 사각형을 찾았어요.

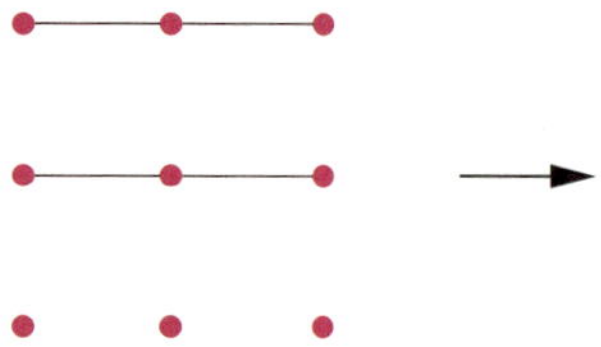

(그림 6−1)

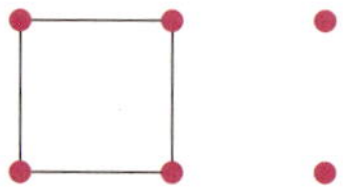

(1)

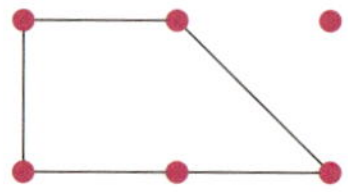

(2)

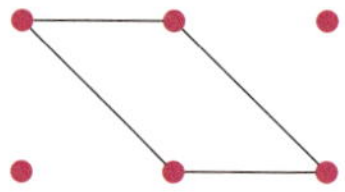

(3)

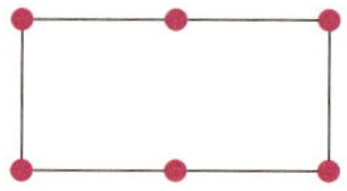

(4)

▸▸ 저는 (그림 6−2)와 같이 평행인 두 변을 긋고, 이들로 만들 수 있는 것을 찾았어요.

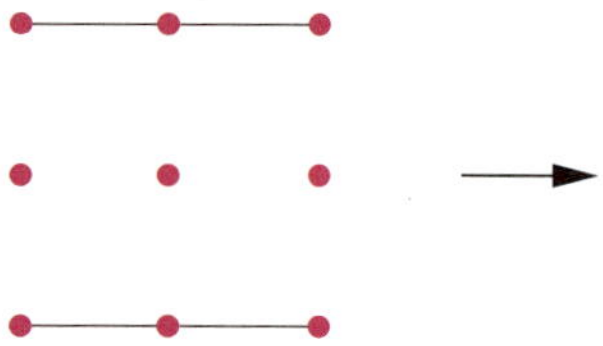

(그림 6−2)

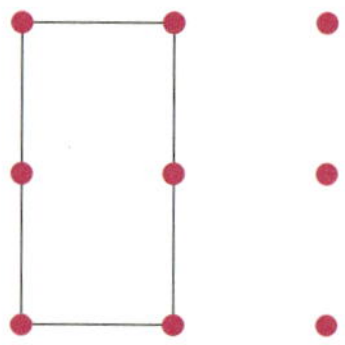

(5)

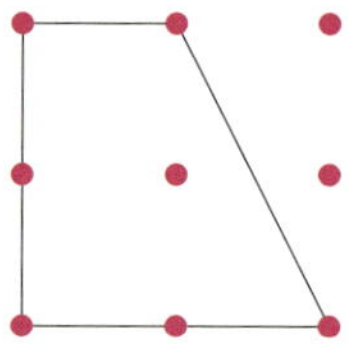

(6)

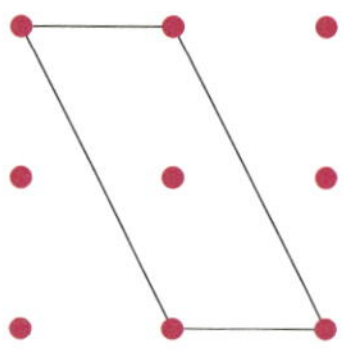

(7)

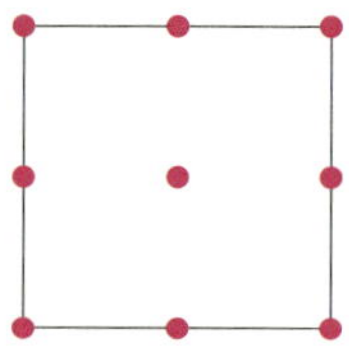

(8)

그런데 (5)는 (4)와 같은 모양이므로 (5)는 안 됩니다. 그러므로 모두 7가지입니다.

또 다른 경우는 없나요? 다시 말하면 평행인 두 변을 그을 수 있는 또 다른 경우를 찾을 수는 없을까요?

▸▸ 알았어요. 평행인 두 선을 (그림 6–3)과 같이 그었어요.

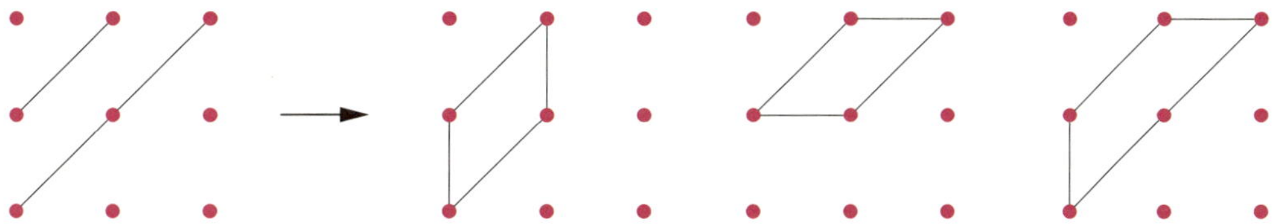

(그림 6–3) (9) (10) (11)

그런데 (9), (10)은 (3)과 같아요. 따라서 (11)의 한 가지가 추가됩니다.
또 있어요. (그림 6–4)에서 찾을 수 있어요.

(그림 6–4) (12)

▸▸ 그러면 (그림 6–5)도 생각할 수 있겠어요.

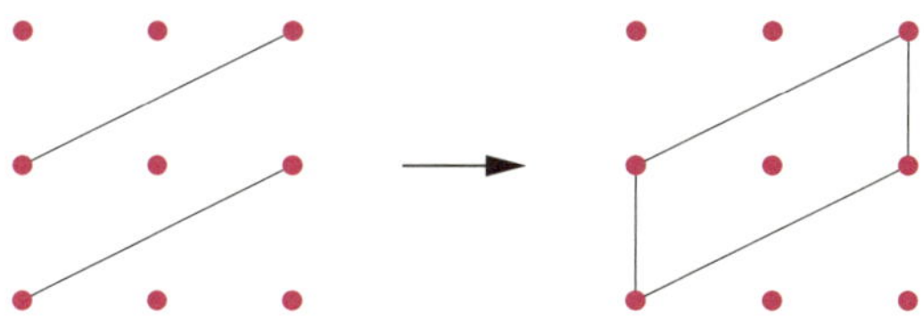

(그림 6–5) (13)

그런데 (13)은 (7)과 같아요.

또 다른 평행한 두 선을 그을 수 있을까요?

▸▸ 없는 것 같아요. 아니 없습니다.
따라서 (1). (2), (3), (4), (6), (7), (8), (11), (12)의 9가지가 있습니다.

잘 했어요. 그러면 다음 문제를 풀어보세요.

다음 그림과 같은 20개의 점으로 이루어진 그림과 같은 정사각형 점판에서 다음 조건을 모두 만족시키는 도형을 그리시오. (단, 돌리거나 뒤집어서 같아지는 것은 하나로 봅니다.)

(1) 두 점은 수평 또는 수직으로만 연결됩니다.
(2) 모든 점을 지납니다.
(3) 어느 점에서 출발하더라도 반드시 그 점에서 끝납니다.

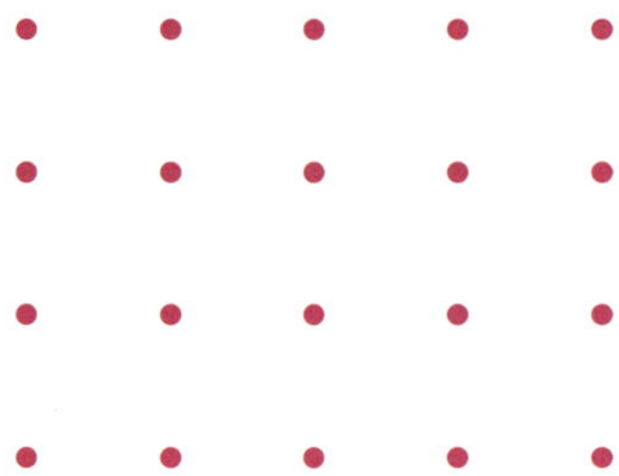

2 특별한 점

먼저 다음 문제를 읽고, 조건에 맞는 도형을 3개씩 그려 보세요.

9개의 점으로 이루어진 정사각형 점판에서 5개의 점을 지나면서 내부에 점이 없는 다각형을 모두 그리시오. (단, 돌리거나 뒤집어서 같아지는 것은 하나만 그리시오.)

▸▸ 저는 다음과 같이 그렸어요.

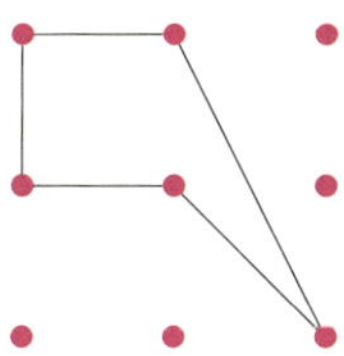

(1)

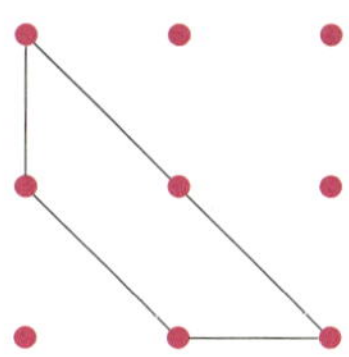

(2)

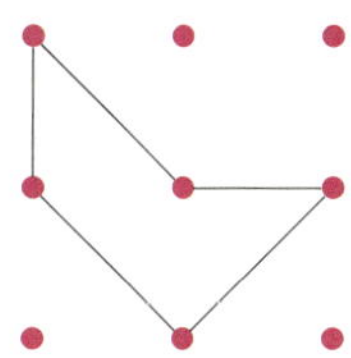

(3)

▸▸ 제가 그린 그림은 다음과 같습니다.

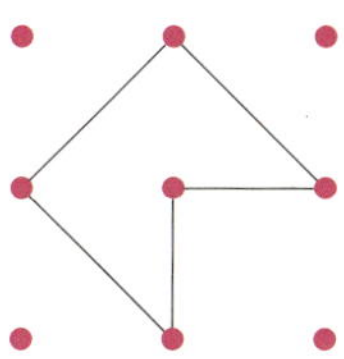

(4)

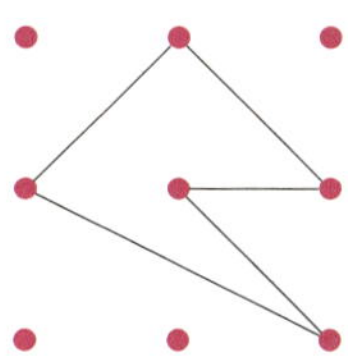

(5)

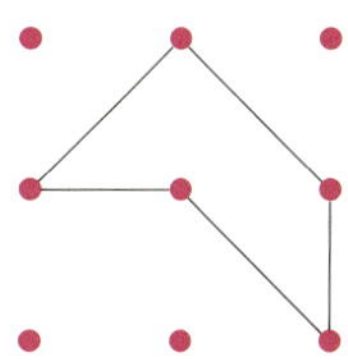

(6)

▸▸ 저도 그렸습니다.

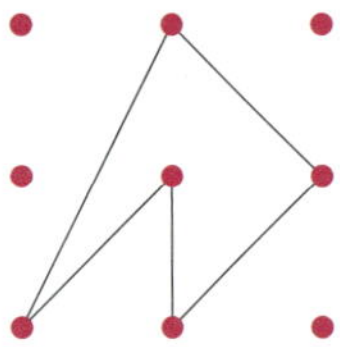
(7)

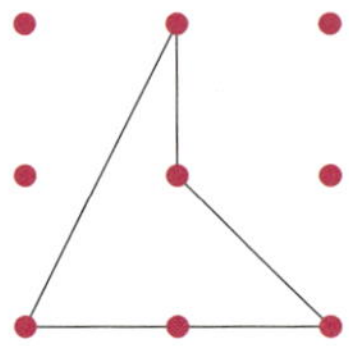
(8)

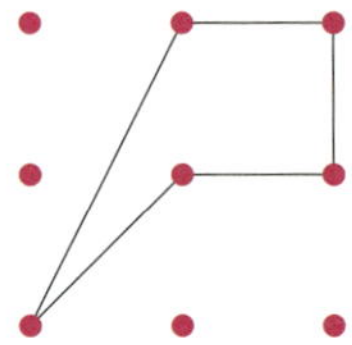
(9)

어떻게 그렸는지 설명할 수 있어요?

▸▸ 저는 세로로 한 칸을 그리고, 나머지 세 점을 찾았어요.

▸▸ 저는 대각선 한 개를 그리고, 나머지 세 점을 찾았어요.

▸▸ 저는 먼저 옆으로 길게 그린 다음 세 점을 찾았어요.

, , 가 그린 도형 중 중복되는 것은 없나요?

▸▸ (1)과 (9)가 같아요. 뒤집으면 같아지거든요.

▸▸ (3)과 (6)도 같아요. 돌리면 같아지거든요.

▸▸ (5)와 (7)도 같아요. 반시계 방향으로 90° 만큼 돌리면 같아져요.

잘 찾았습니다. 과 같이 세로로 한 칸 그린 것에서 시작하고, 와 같이 한 대각선에서 시작하고, 와 같이 옆으로 길게 그린 다음에 나머지를 채워도 이들이 그린 그림이 모두 다르다고 할 수가 없지요. 이 그림 이외에 다른 그림은 더 없을까요?

▸▸ 또 있는데요. 2개를 찾았어요.

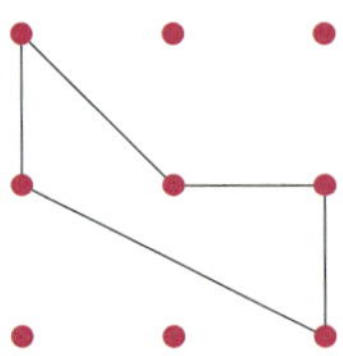
(10)

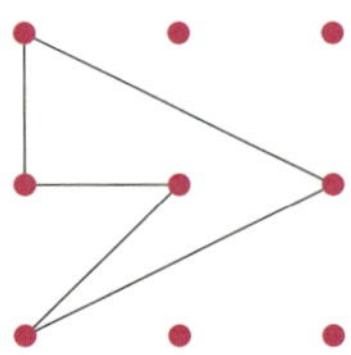
(11)

어떻게 찾아야 중복되지도 않고, 빠뜨리지 않게 모두 찾을 수 있을까요?

▸▸ ……

이미 찾은 그림을 잘 보세요. 어떤 공통되는 사실이 없나요?

▸▸ ……

다시 한 번 잘 살펴봐요. 한 가지 힌트를 줄까요?

▸▸ 예.

9개의 점 중에서 5점을 지나는 도형을 그릴 때, 꼭 지나는 점이 있나요?

▸▸ 예, 있습니다. 한 가운데 놓인 점은 언제나 지납니다.

그러면 이 지적한 점을 P라 하고, P를 지나지 않고 5점을 지나는 도형을 그릴 수 있을까요?

▸▸ ……

▸▸ 여러 가지 방법으로 그려 보았는데, P를 지나지 않고 5점을 지나는 도형은 그릴 수 없어요.

그렇습니다. 이 문제에서 점 P는 매우 중요하지요. 이와 같이 여러 점 중에서 특별한 성질을 가진 점을 **특성점**(characteristic point)이라 합니다. 특성점을 찾으면 도형을 그리기가 아주 쉽지요.

이제 점 P를 염두에 두고 그려 볼까요.

▸▸ 저는 점 P를 꼭지점으로 하는 45° 인 도형을 그렸어요. 다음 그림이 제가 그린 것입니다.

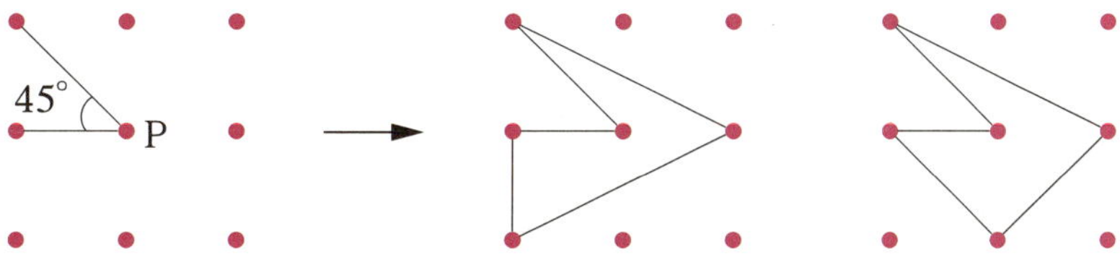

(1) (2)

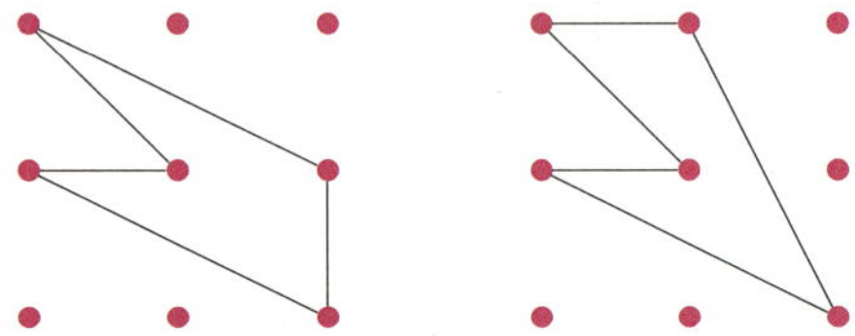

(3) (4)

▸▸ 저는 점 P를 꼭지점으로 90° 인 도형을 먼저 그리고, 나머지를 완성시켰어요. 90° 인 그리는 방법은 두 가지가 있습니다.

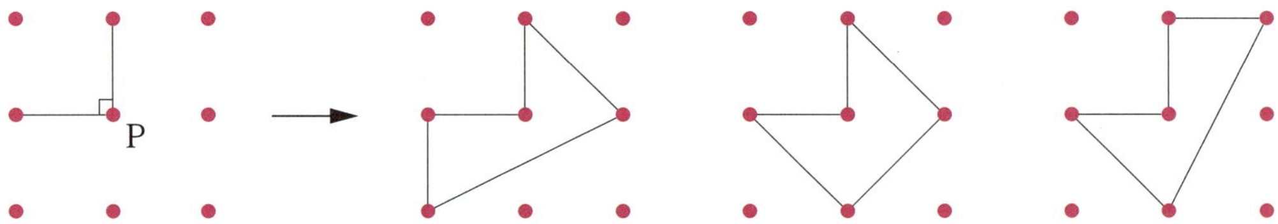

(5) (6) (7)

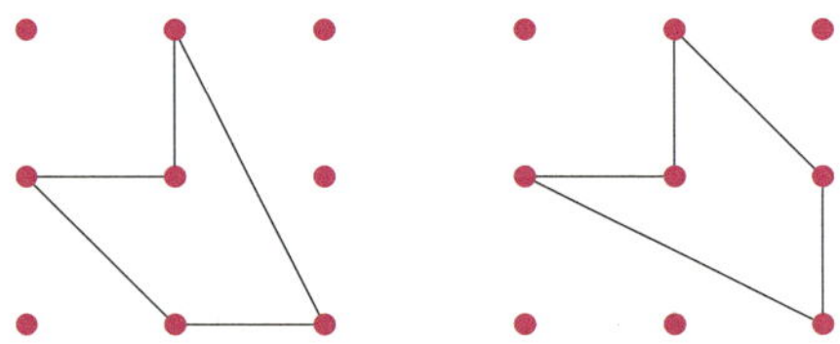

(8) (9)

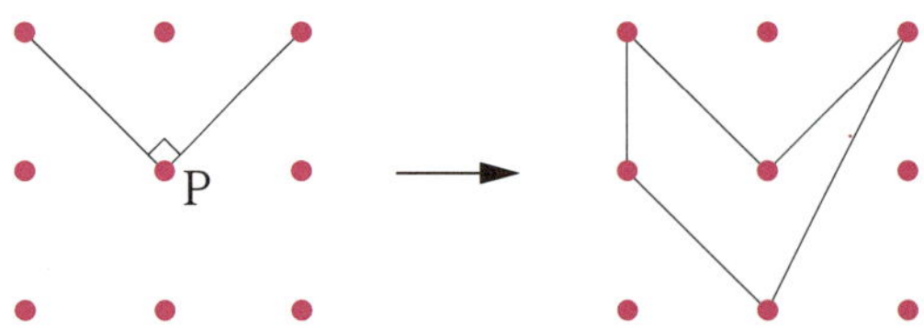

(10)

가 그린 도형 중 (5)와 (7), (8)과 (9)가 같아요.

그렇군요.

▸▸ 저는 점 P를 꼭지점으로 135° 인 도형을 먼저 그렸어요. 다음 그림이 제가 그린 것입니다.

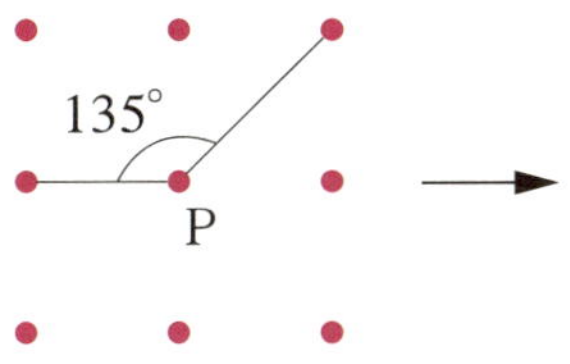

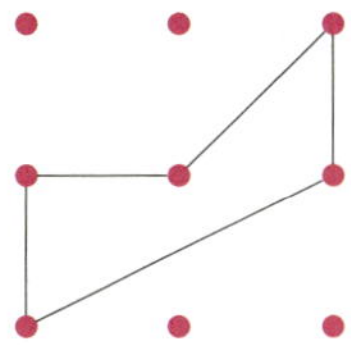
(11)

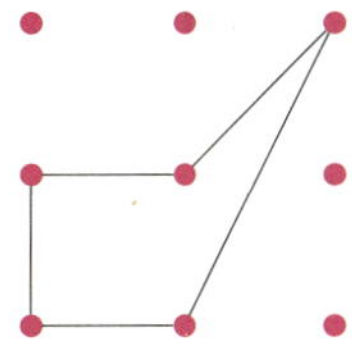
(12)

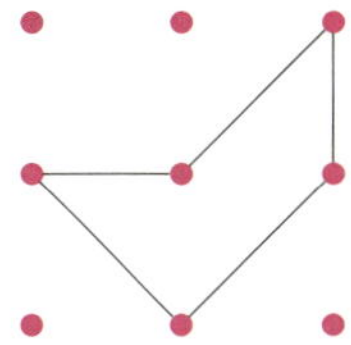
(13)

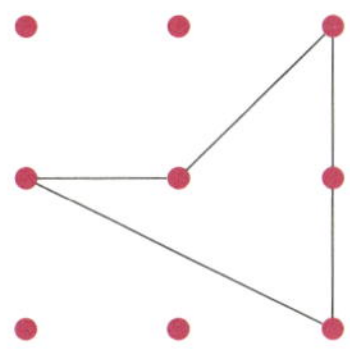
(14)

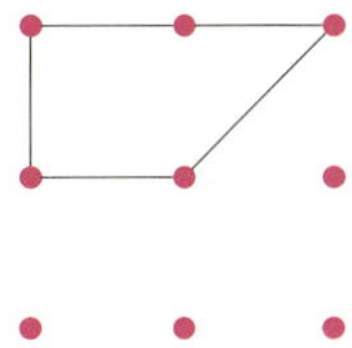
(15)

▸▸ 또 있어요. 점 P에서 180° 가 되도록 그려도 됩니다.

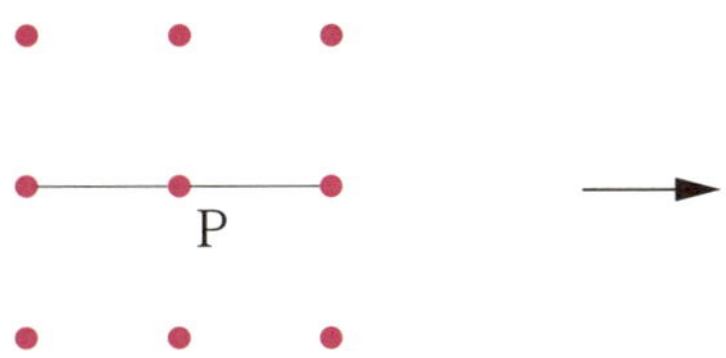

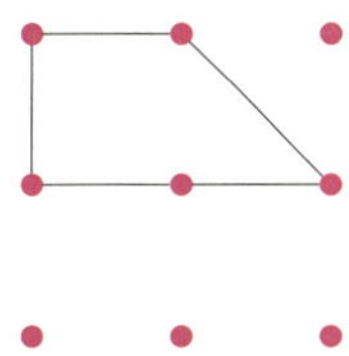
(16)

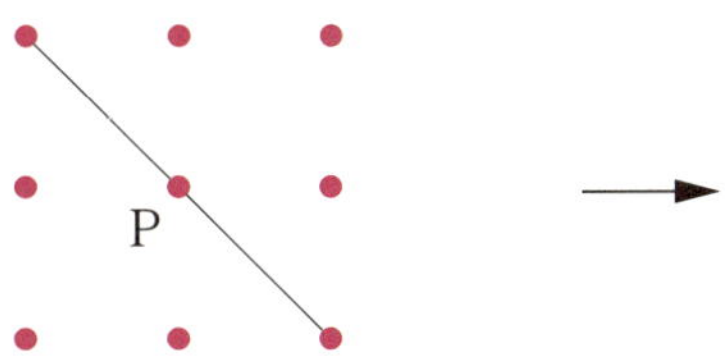

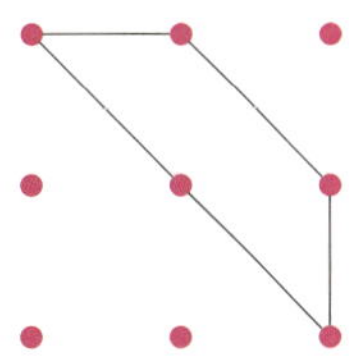
(17)

▸▸ (15)와 (16)이 같아요.

지금까지 그린 그림 17개 중에서 중복되는 그림이 몇 쌍 있지요?

2 특별한 점

▸▸ 모두 세 쌍이 있어, 중복되는 것을 제외하면 모두 14개가 됩니다.

잘했습니다. 그러면 이제 다음 문제를 풀어 봅시다.

다음 정사각형 점판에서 내부에 한 점을 포함하는 다각형을 모두 그리시오.(단, 돌리거나 뒤집어서 같아지는 것은 하나만 그리시오.)

3 정사각형 점판에서의 넓이

1cm 정사각형 점판에서 넓이가 같은 도형을 찾는 것도 또 하나의 과제입니다. 먼저 다음 문제를 생각해 봅시다.

다음 그림은 점이 9개인 1cm 정사각형 점판에 넓이가 1cm^{2}인 도형 2개를 그린 것입니다. 넓이가 1cm^{2}인 도형을 더 찾으시오. (단, 돌리거나 뒤집어서 같아지는 것은 하나로 봅니다.)

▸▸ 선생님, 다음 도형들은 같은 것으로 보아야 하나요?

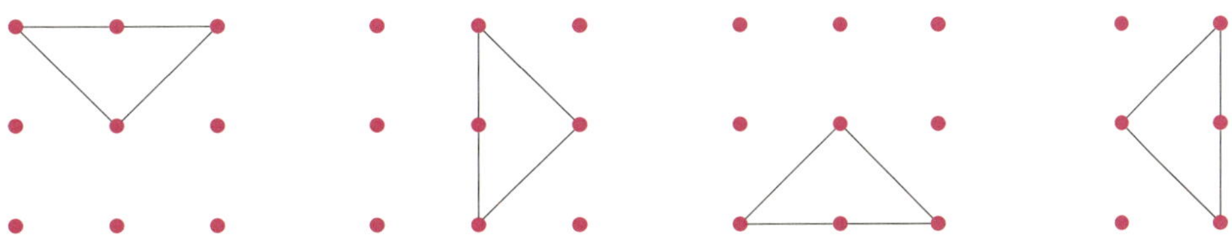

그렇습니다. 이들은 돌리거나 뒤집으면 같은 도형이 되기 때문에 모두 같은 것입니다.

▸▸ 저는 다음 3개를 찾았어요.

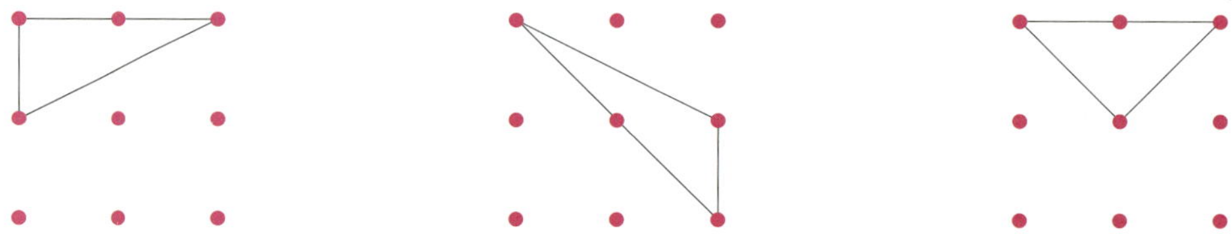

▸▸ 다음 사각형도 넓이가 모두 1cm²입니다.

과 모두 잘 찾았어요. 그러면 문제에서 보인 두 번째 그림을 변형한 것은 없을까요? 먼저 누가 이 그림의 넓이가 1cm²인 것을 설명해 보세요.

▸▸ 두 번째 그림을 다음과 같이 2개로 잘라서 생각했어요. 한 삼각형의 넓이가 $\frac{1}{2}$cm²이므로 전체 넓이는 1cm²입니다.

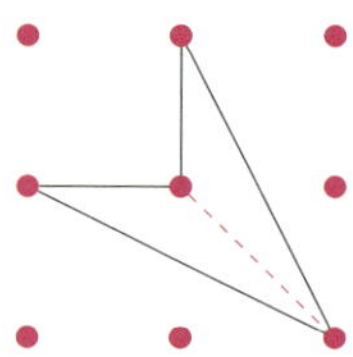

마찬가지로 그릴 수 있는 모양이 다음의 2개가 더 있습니다.

잘 했어요. 이와 같이 넓이가 같은 여러 가지 도형을 만들 수 있답니다.
다음 문제도 생각해 봅시다.

다음 1cm 정사각형 점판에 그릴 수 있는 이등변삼각형을 모두 찾고, 각각의 넓이를 구하시오. (단, 돌리거나 뒤집어서 같아지는 것은 하나로 봅니다.)

▸▸ 이등변삼각형은 두 변의 길이가 같으므로 한 점에서 길이가 같은 두 변을 찾으면 됩니다. 그래서 저는 귀퉁이의 한 점에서 길이가 같은 두 변을 찾아 다음의 3개를 찾았어요.

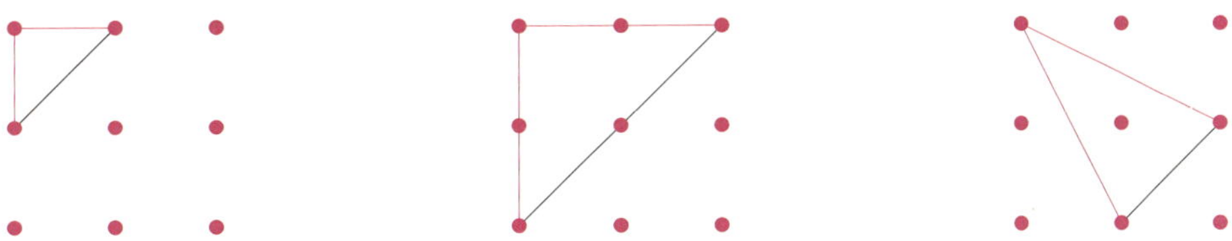

(1) (2) (3)

각각의 넓이를 구해 봐요.

▸▸ (1)은 $\frac{1}{2}$cm^{2}이고, (2)는 2cm^{2}인데, (3)은 잘 모르겠어요.

(3)의 넓이는 어떻게 구할까요?

▸▸ 저는 다음과 같이 구했어요.

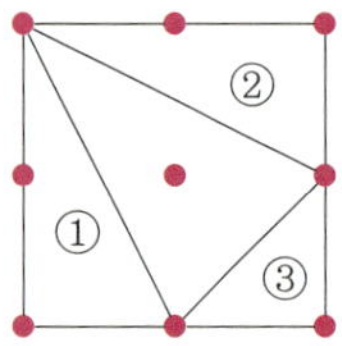

전체의 넓이: 4cm^2

①의 넓이: 1cm^2

②의 넓이: 1cm^2

③의 넓이: $\frac{1}{2}\text{cm}^2$

따라서 $4-\left(1+1+\frac{1}{2}\right)=\frac{3}{2}(\text{cm}^2)$입니다.

▸▸ 저는 다음과 같이 구했어요.

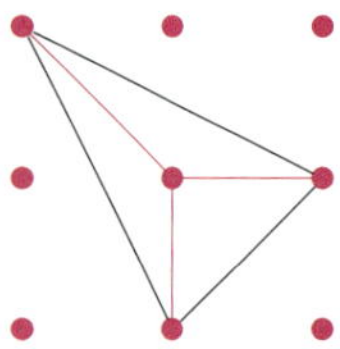

내부의 점을 꼭지점과 연결하면 세 개의 삼각형으로 나누어지는데, 각각 $\frac{1}{2}\text{cm}^2$ 이므로 전체는 $\frac{3}{2}\text{cm}^2$입니다.

잘했습니다. 넓이를 구하는 여러 가지 방법을 알고 있군요. 그러면 다른 이등변삼각형도 찾아보세요.

▸▸ 저는 변의 한 점에서 길이가 같은 두 변을 찾아 다음과 같이 그렸어요.

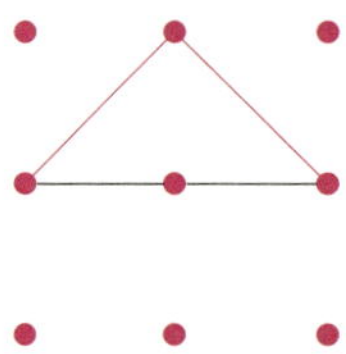

(1cm^2)

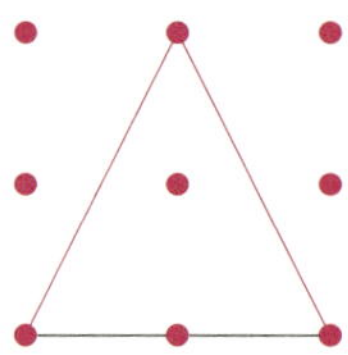

(2cm^2)

또 다른 이등변삼각형은 없을까요?

▸▸ 없습니다. 길이가 같은 두 변을 찾을 때, 이등변삼각형의 꼭지점이 되는 점은 네 귀퉁이의 점이거나, 네 변의 점인데, 어느 점을 잡더라도 이들은 돌리면 모두 일치하거든요. 그래서 귀퉁이 한 점, 변의 한 점만 생각하면 되요.

그러면 중앙의 점은 꼭지점이 될 수 없을까요?

▸▸ 한 줄을 지웠다고 생각하면 이미 그린 이등변삼각형과 같아져요.

▸▸ 저는 전체 넓이가 $4cm^2$이므로 삼각형의 넓이는 가장 클 때는 $2cm^2$이고, 가장 작을 때는 $\frac{1}{2}cm^2$이므로 $\frac{1}{2}cm^2$, $1cm^2$, $\frac{3}{2}cm^2$, $2cm^2$인 이등변삼각형을 그릴 수 있습니다. 이들을 모두 찾았으므로 모두 구한 것입니다.

넓이가 $2cm^2$인 이등변삼각형이 2개이군요. 그러면 다른 넓이를 가지는 이등변삼각형이 2개인 것은 없을까요?

▸▸ ……

잘 생각해 보세요. 그리고 그런 경우가 없다면 왜 그런지 말할 수 있어야 해요.
다음 문제를 풀어 봅시다.

다음 정사각형 점판에서 크기가 다른 정사각형을 하나씩만 그리고, 각각의 넓이를 구하시오.

4 정삼각형 점판

정삼각형 점판은 자주 본 그림은 아닙니다. 그렇지만 이 점판을 이용하는 문제를 해결하는 과정에서 우리는 여러 가지 생각을 하게 됩니다.
다음 문제를 풀어 봅시다.

11개의 점으로 된 다음 정삼각형 점판에 그릴 수 있는 서로 다른 이등변삼각형은 모두 몇 개입니까? (단, 돌리거나 뒤집어서 같아지는 것은 하나로 봅니다.)

▸▸ 선생님, 정삼각형은 이등변삼각형이지요. 그러므로 정삼각형도 찾아야 하지요?

그럼요. 정삼각형을 먼저 찾아보세요.

▸▸ 저는 다음의 2가지를 찾았어요.

(한 변이 1인 정삼각형)

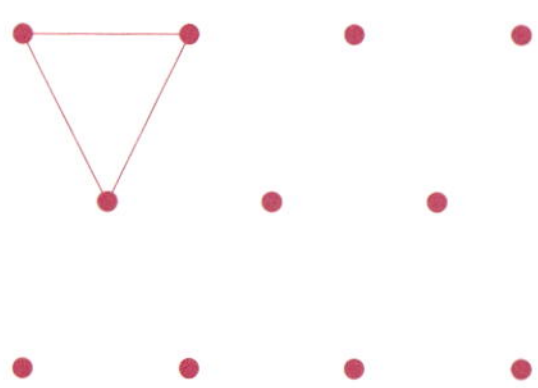

(1)

(한 변이 2인 정삼각형)

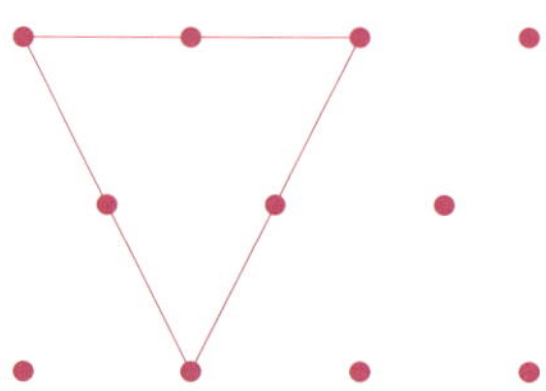

(2)

잘 했습니다. 그러면 또 다른 정삼각형은 없나요.

▸▸ ……

▸▸ 있어요. 다음 그림과 같이 찾았어요.

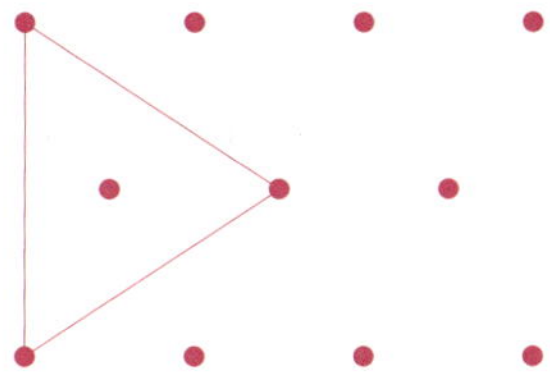

(3)

잘 했습니다. 그러면 이제 정삼각형이 아닌 이등변삼각형은 없을까요?

▸▸ 다음의 2가지가 있습니다.

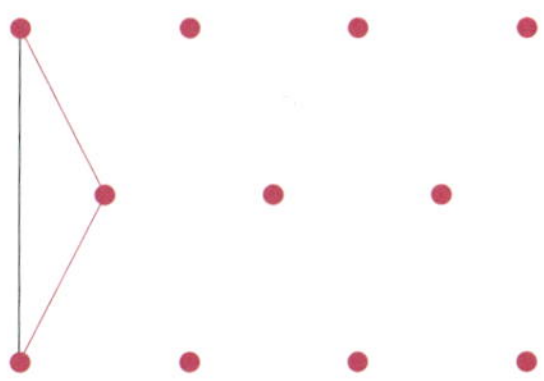

(4)

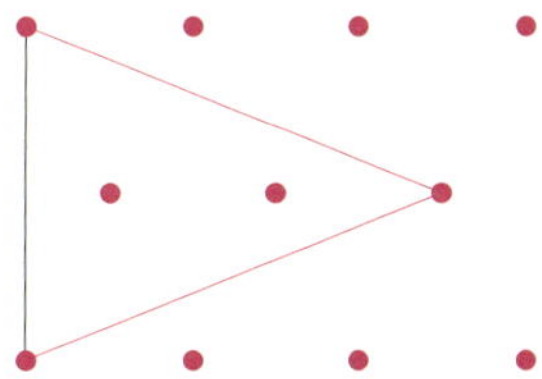

(5)

T: 또 다른 이등변삼각형은 없을까요?

▸▸ 다음의 3가지가 있습니다.

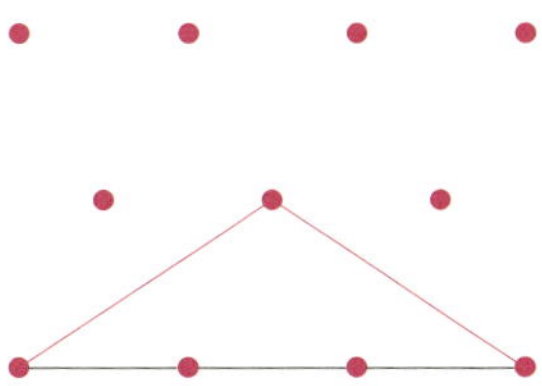

(6)

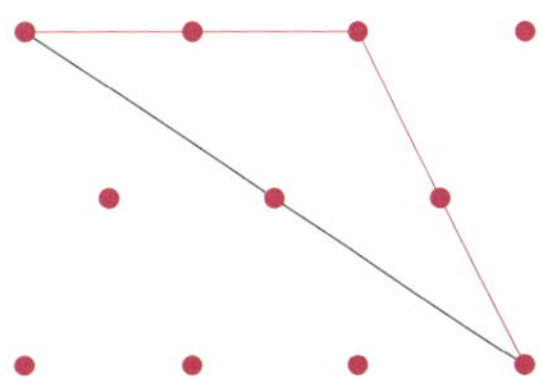

(7)

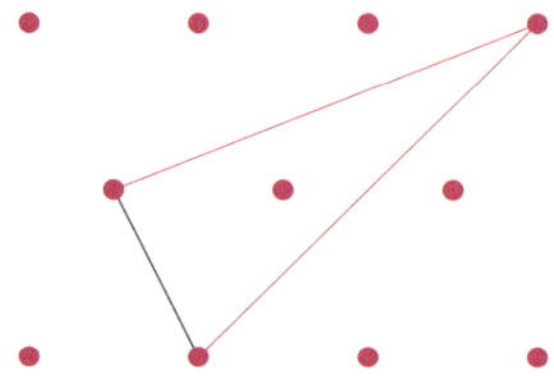

(8)

그러면 모두 8가지 모양의 이등변삼각형이 있지요.
다음 문제도 풀어보세요.

10개의 점으로 된 다음과 같은 1cm 정삼각형 점판이 있습니다. [보기]는 점선을 따라 길이가 3cm인 선을 연결되게 그린 그림입니다. 길이가 3cm인 연결된 선은 [보기]를 포함하여 모두 몇 가지나 그릴 수 있습니까? (단, 돌리거나 뒤집어서 같아지는 모양은 하나로 봅니다.)

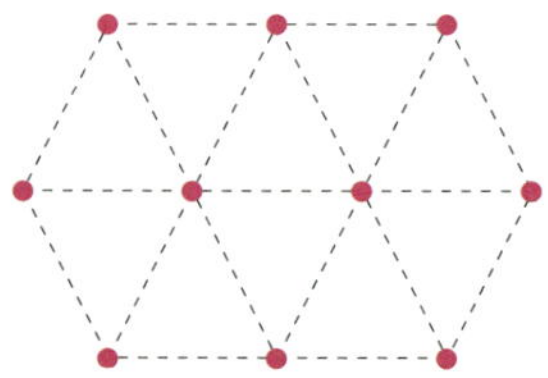

[보기]

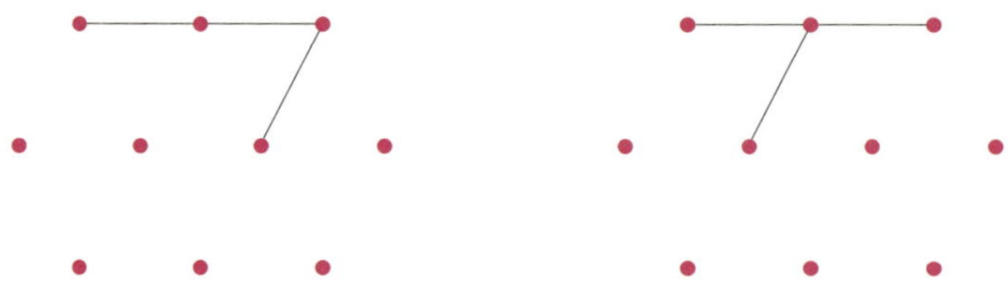

5 정삼각형 점판에서의 넓이

이제 정삼각형 점판에서의 넓이에 대한 문제를 해결하여 봅시다.

색칠된 작은 정삼각형의 넓이가 1일 때, 다음 정삼각형 점판에 그린 도형의 넓이는 얼마입니까?

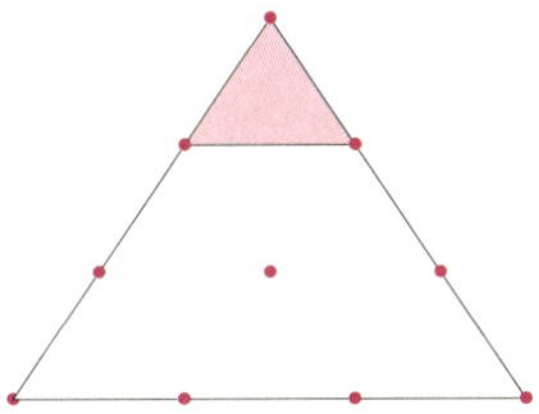

(그림 1)

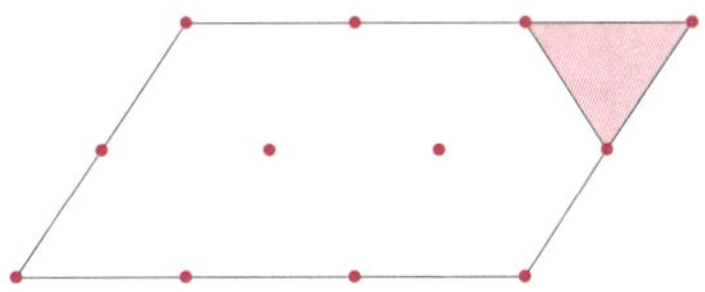

(그림 2)

▸▸ (그림 1)의 넓이는 다음과 같습니다.

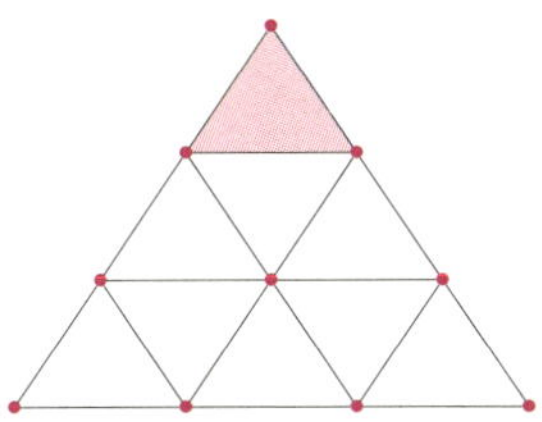

색칠된 정삼각형의 개수는 다음과 같습니다.

$1 + 3 + 5 = 9$

따라서 넓이는 9입니다.

이 사실에서 정삼각형의 개수는 한 변의 길이를 거듭 곱한 수 $3 \times 3 = 9$입니다.

▸▸ 저는 (그림 2)의 넓이를 구했습니다.

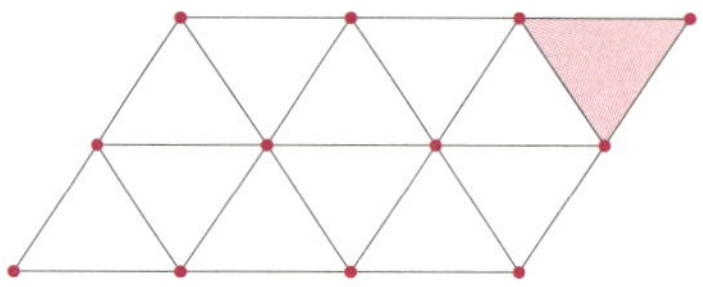

색칠된 정삼각형의 개수는 다음과 같습니다.

$6 + 6 = 12$

또는 $(3 + 3) + (3 + 3) = 3 \times 2 \times 2 = 12$

따라서 넓이는 12입니다.

한 변이 4인 정삼각형의 넓이는 얼마입니까?

▸▸ $1 + 3 + 5 + 7$이니까 16입니다.

▸▸ 선생님, $4 \times 4 = 16$으로 계산할 수도 있는데요.

두 변이 2와 3인 평행사변형의 넓이가 12이었습니다. 그러면 두 변이 4와 6인 평행사변형의 넓이는 얼마일까요?

▸▸ $12 + 12 + 12 + 12 = 48$입니다.

어떻게 하면 쉽게 구할 수 있을까요?

▸▸ 다음 그림과 같이 한 변이 3인 정삼각형 두 개를 이어 붙여 생각하였습니다.

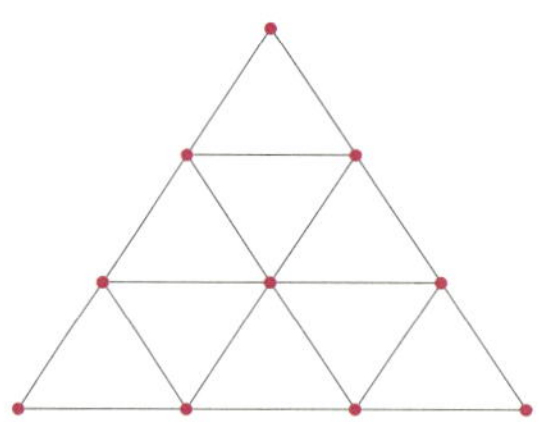

$3 \times 3 = 9$

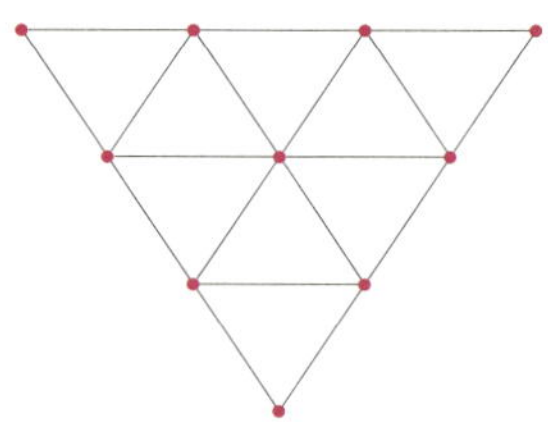

$3 \times 3 = 9$

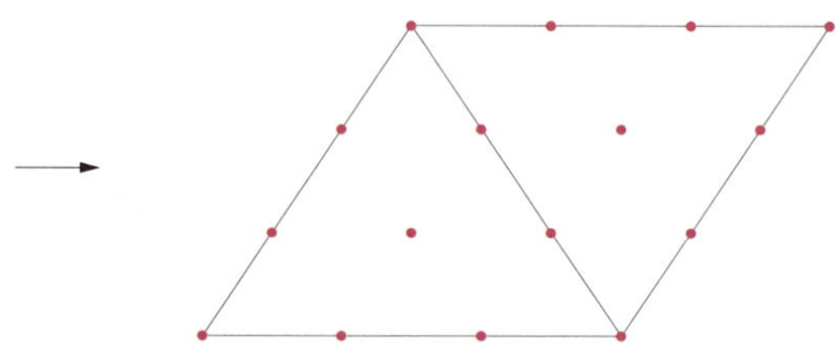

$3 \times 3 \times 2 = 18$

이와 같이 생각하면 두 변이 4와 6인 평행사변형의 넓이는 $4 \times 6 \times 2 = 48$로 구할 수 있습니다.

가 잘 설명했어요.
그러면 다음 문제를 풀어 봅시다.

1cm 정삼각형 점판에 다각형을 그린 후 내부의 점을 지운 다음 그림을 보고 물음에 답하시오.

(1) 한 변이 1cm인 정삼각형의 넓이를 1k라 할 때, (그림 3)의 넓이는 몇 k입니까?
(2) (그림 4)에서 x와 y는 각각 몇 cm입니까?

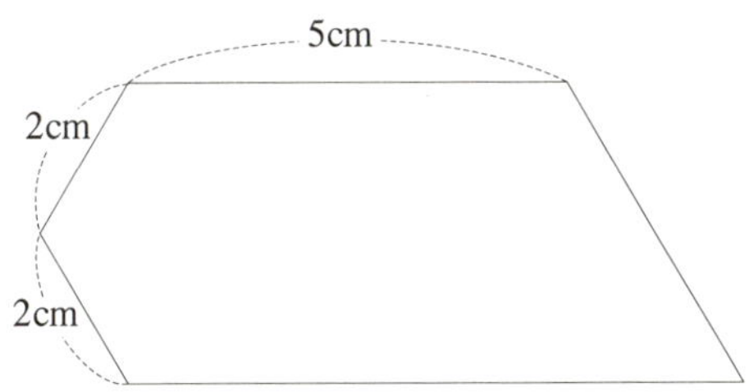

(그림 3)

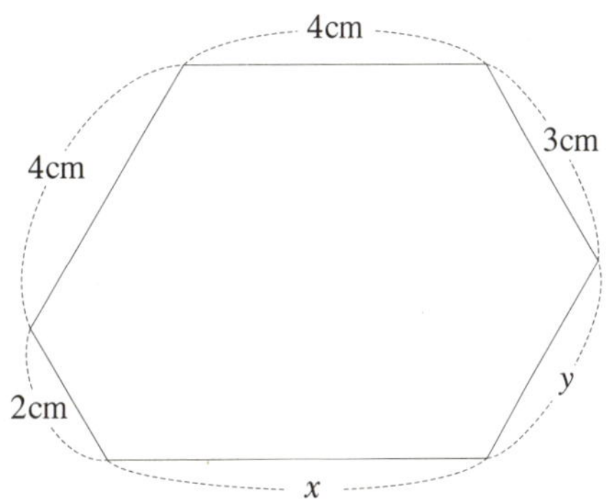

(그림 4)

메모 ●●●

●●● *memo*

IV

M.A.T.H.E.M.A.T.I.C.S

경우의 수

- 도형 이어 붙이기
- 무늬 맞추기
- 조각 맞추기
- 길 찾기
- 수 채우기

우리는 일상생활에서 여러 가지 경우의 수를 경험합니다. 우리가 집에서 학교로 가는 경우를 생각해 봅시다. 어떤 학생은 버스를 이용하거나 전철을 탑니다. 그리고 어떤 경우에는 아버지가 자가용으로 데려다 주기도 하며, 가까운 거리는 걷기도 합니다. 또 걸을 때도 큰길로 걷거나 골목길로 걷습니다. 빠른 길로 걸을 때도 있고, 차가 없는 길을 택하기도 합니다. 때에 따라 상황에 따라 적당한 방법을 택하지요.

우리는 수학의 여러 가지 주제에 대하여 경우의 수를 찾습니다. 새로운 무늬나 도형을 조건에 맞게 모두 찾기도 하며, 어떤 성질을 만족시키는 여러 가지 수를 찾기도 합니다. 모눈종이를 이용하여 다양한 도형을 찾고, 점판에 고무줄을 걸어 새로운 도형을 찾기도 합니다. 이와 같이 여러 가지 경우를 알아보는 것은 중요한 수학 활동입니다.

모든 경우를 찾는다는 것은 한 가지 경우라도 빠뜨리지 않아야 하고, 같은 경우를 두 번 이상 찾아도 안 된다는 의미입니다. 빠뜨리지 않고 중복되지 않게 찾는 일은 매우 어려워서, 우리는 신중하게 찾아야 합니다. 신중하게 찾는다는 것은 어떤 기준이나 원칙이 있어야 한다는 의미입니다. 기준이나 원칙이 없거나 기준을 잘못 정하게 되면 많은 노력이 필요하며 어떤 경우에는 해결하지 못 할 수도 있습니다. 그러므로 기준을 만들거나 찾는 일이 문제를 해결할 수 있는 중요한 열쇠가 됩니다. 수학에서 기준을 만드는 일을 "**수학을 한다**"고 하고, 이것이 논리적 사고입니다.

이제부터 구체적인 예를 가지고 경우의 수를 찾아보는 과정을 통하여 수학을 생각하고 즐거움을 느껴보기 바랍니다.

1 도형 이어 붙이기

도형을 **이어 붙인다**는 것은 두 개 이상의 도형을 종이 조각으로 생각하고, 같은 변끼리 계속 잇대어 연결하는 것을 의미합니다. 즉 이어 붙인다는 것은 길이가 같은 변을 꼭 맞게 늘어놓는 것입니다. (그림 1)은 정사각형 2개를 이어 붙인 것이지만, (그림 2)는 한 꼭지점을 연결하였고 (그림 3)은 변의 일부만 겹쳐놓은 것으로 이 두 개는 이어 붙인 것이 아닙니다.

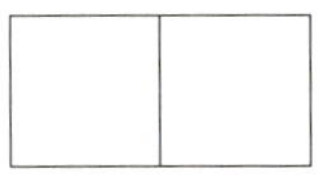
(그림 1)

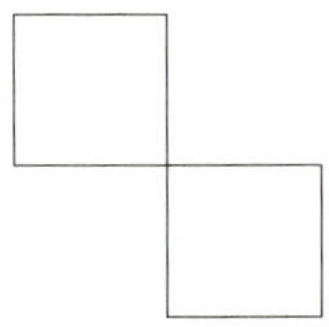
(그림 2)

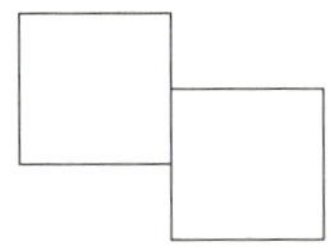
(그림 3)

그러면 지금부터 도형을 이어 붙이는 놀이를 시작합니다.

먼저 다음 그림과 같이 정사각형을 한 대각선으로 자른 두 도형을 이어 붙여 봅시다.

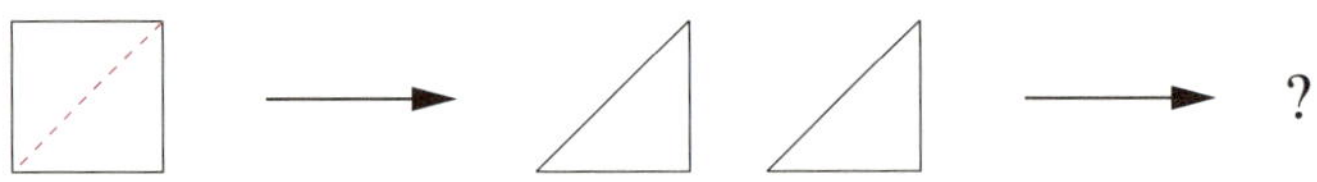

▸▸ 당연히 자르기 전의 정사각형이 되지 않아요?

그렇습니다. 그러나 또 다른 모양은 없을까요?

▸▸ 저는 다음의 두 그림을 찾았어요.

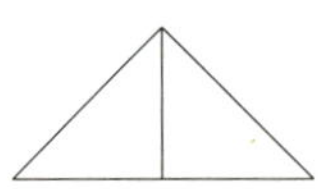

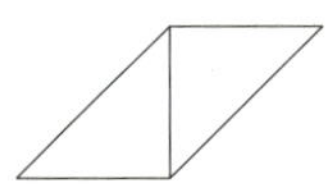

잘 찾았습니다. 돌리거나 뒤집어서 겹쳐지는 것을 하나로 볼 때, 또 다른 그림은 없지요. 다음 문제를 생각해 봅시다.

직사각형을 한 대각선으로 자른 다음의 두 도형을 이어 붙인 그림을 그려 봅시다.

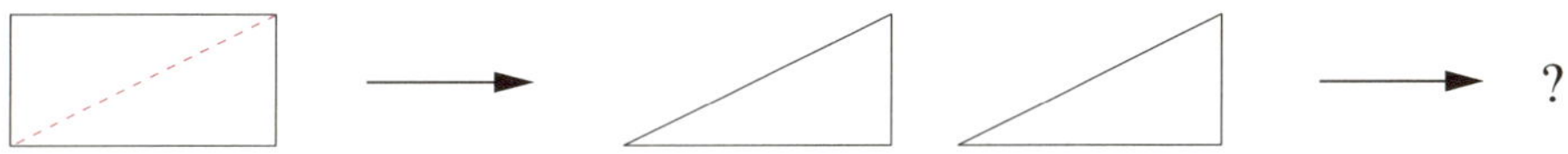

▸▸ 정사각형과 같은 방법으로 저는 다음의 세 도형을 만들었습니다.

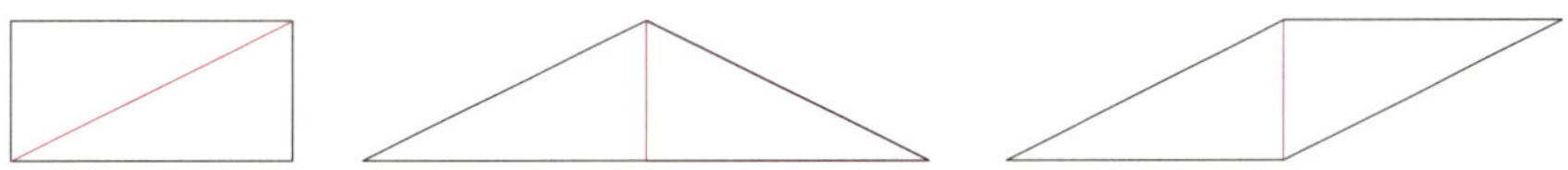

▸▸ 이 그림 이외에 저는 3개를 더 찾았어요.

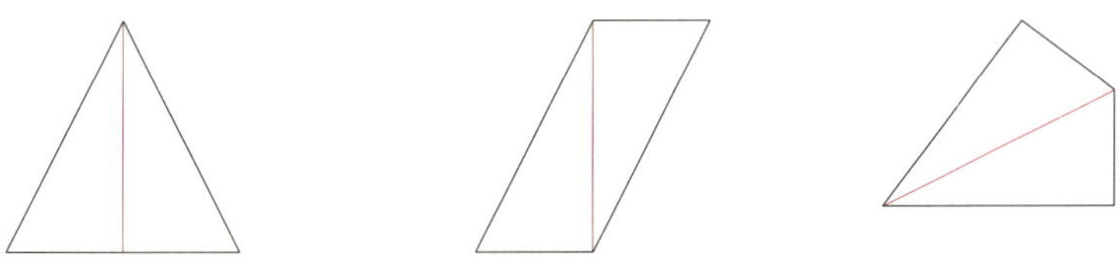

잘 했습니다. 직사각형은 한 대각선으로 잘라 다시 이어 붙이면 정사각형의 경우보다 훨씬 많은 도형이 만들어지지요.

다음 문제를 풀어봅시다.

(1) 정사각형을 두 대각선으로 자른 도형 4개를 이어 붙인 그림을 모두 그리시오.

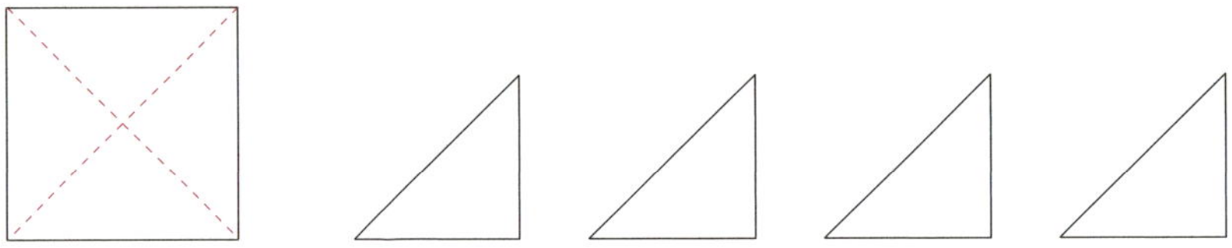

(2) 직사각형을 두 대각선으로 자른 도형 4개를 이어 붙인 그림을 모두 그리시오.

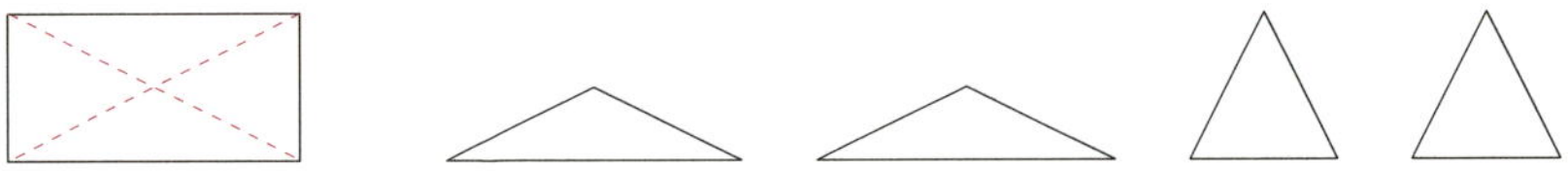

다음에는 모양이 다른 도형을 이어 붙여 봅시다.

정사각형이 아닌 직사각형 1개와 이 직사각형을 대각선으로 자른 직각삼각형 2개를 이어 붙인 그림을 모두 그리시오.

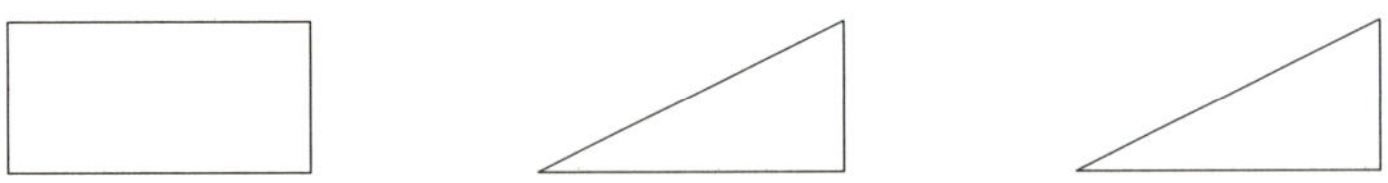

▸▸ 선생님, 도형 3개를 모두 이어 붙여야 합니까? 아니면 도형 2개만 이어 붙여도 됩니까?

물론, 도형 3개를 모두 이어 붙인 그림을 그려야 합니다.

▸▸ 저는 다음의 3개를 찾았어요.

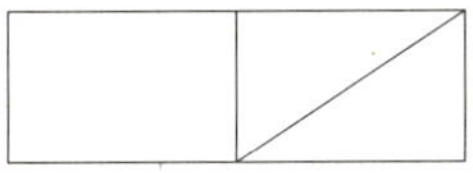
(1)

(2)

(3)

▸▸ 저는 다음의 3개를 찾았어요.

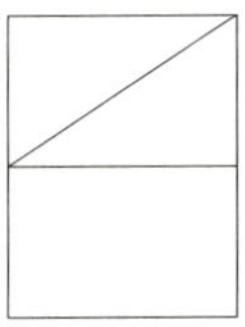
(4)

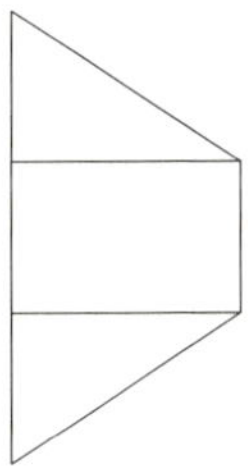
(5)

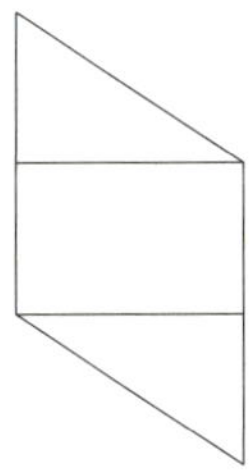
(6)

잘했습니다. 6개의 그림 이외에 더 없을까요?

▸▸ 다음 그림에 더 있습니다.

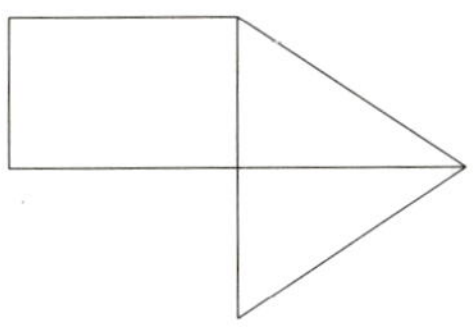
(7)

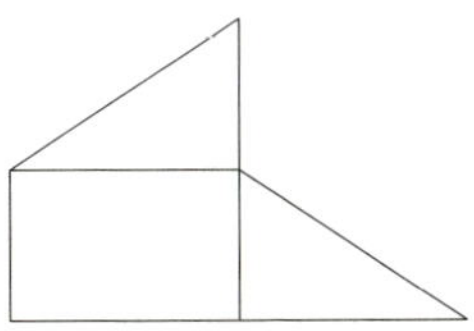
(8)

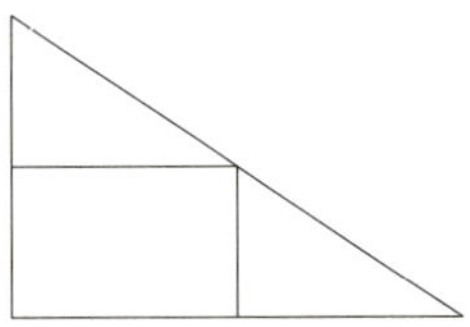
(9)

▸▸ 저도 다음의 3개를 더 찾았어요.

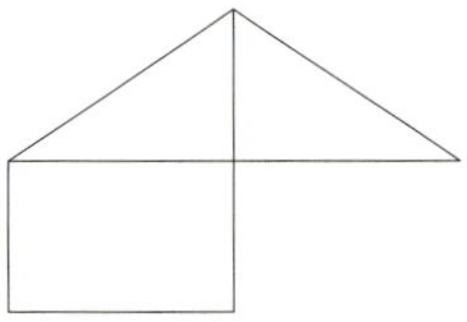
(10)

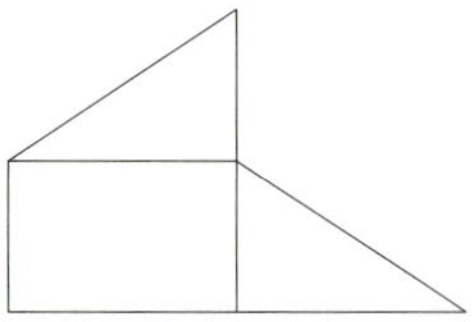
(11)

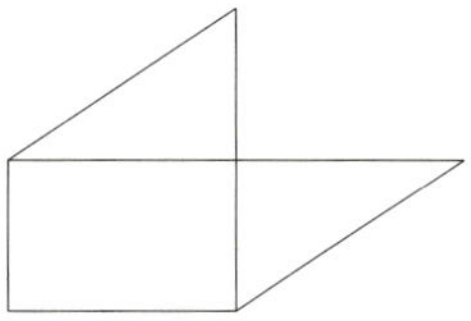
(12)

지금까지 찾은 것 중에서 겹치는 것은 없나요?

▸▸ (11)은 (8)과 같아요.

찾지 못한 그림은 없나요.

▸▸ 다음 그림 2개가 더 있어요.

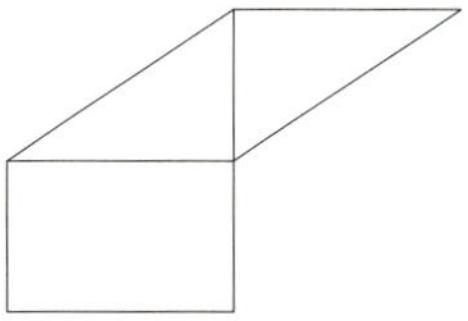
(13)

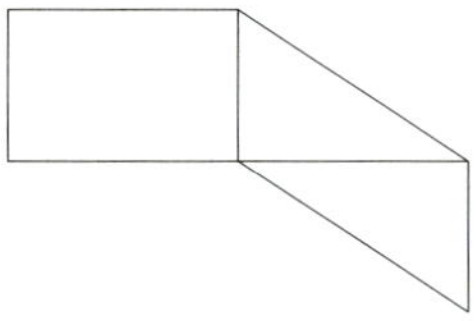
(14)

그러면 지금까지 모두 도형 13개를 찾았군요. 이것 이외에 또 다른 그림은 없을까요?

▸▸ ……

여러분이 그림을 모두 찾으려면 어떤 기준이 있어야 하지요. 다시 한 번 찾은 그림을 어떤 기준으로 분류해 보세요.

▸▸ 직각삼각형 2개가 이어진 것과 그렇지 않은 것이 있습니다. 앞에서 우리는 직각삼각형 2개가 이어진 그림을 찾았어요. 이 그림에 직사각형을 이어 붙이면 돼요. 이렇게 찾으면 다음의 8개가 됩니다.

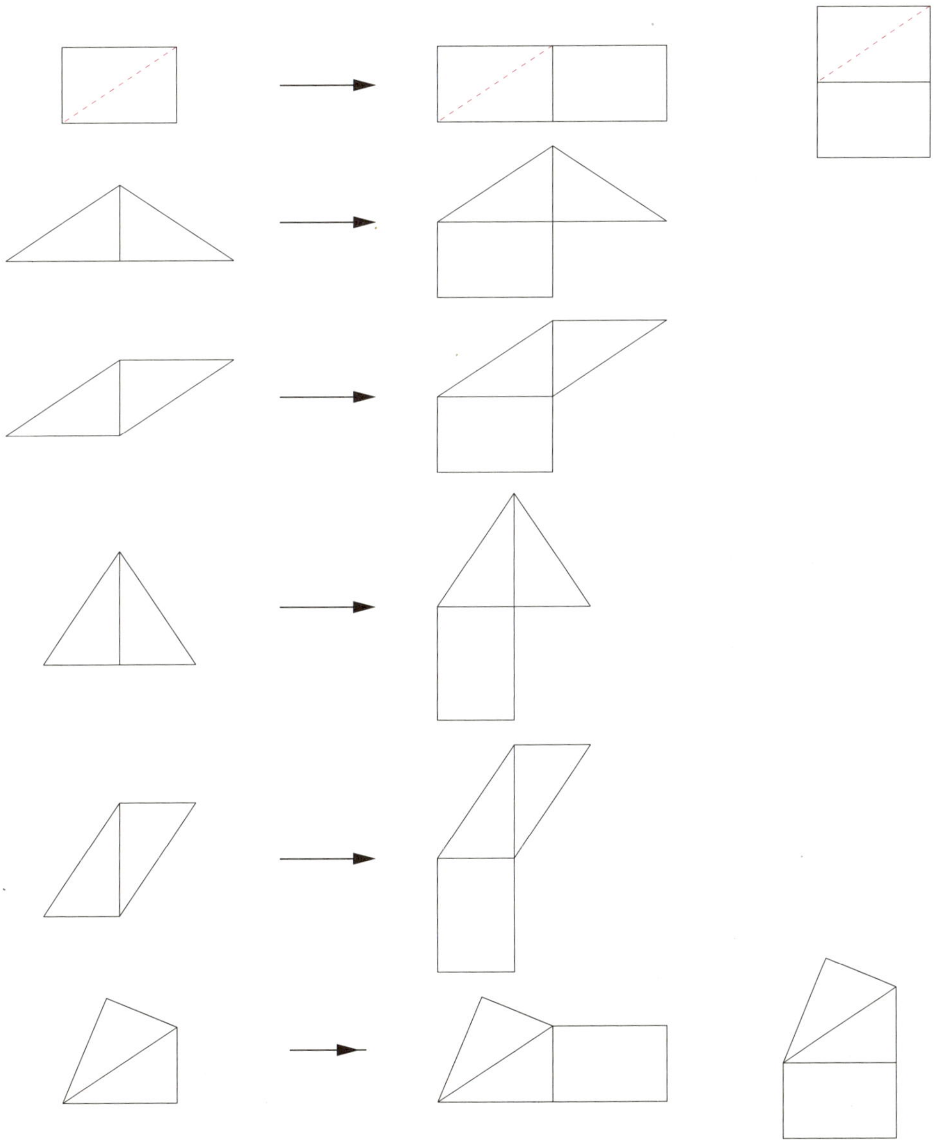

▸▸ 저는 직사각형의 두 변에 직각삼각형을 이어 붙인 그림을 찾았어요. 이것은 다음의 7개가 있습니다.

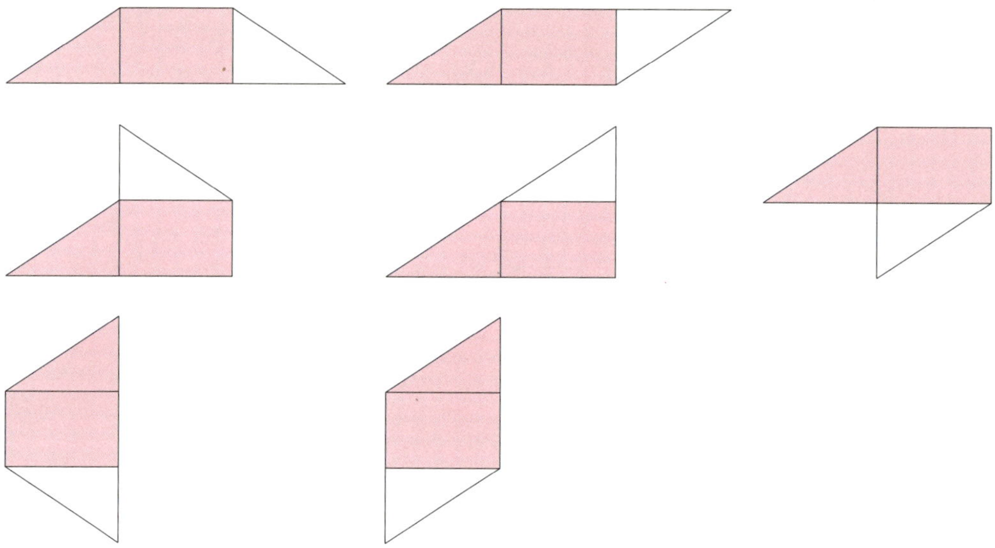

처음에는 13개를 찾았는데, 이번에는 몇 개가 되었나요?

▸▸ 이 8개, 제가 7개를 찾아 모두 15개가 되었습니다. 그런데 다음 그림은 될 수 없나요?

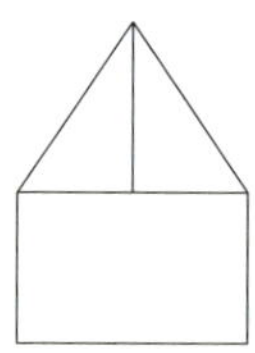

이것은 두 변과 길이가 같은 변을 이어 붙였습니다. 이것은 길이가 같은 변끼리 이어 붙인다는 조건에 맞지 않으므로 제외됩니다.

어떤 그림을 더 찾았는지 살펴보세요. 이와 같이 어떤 기준이나 원칙이 없이 찾으면 빠뜨린 것이 있을 수도 있고, 어떤 것은 겹칠 수도 있답니다. 그러므로 우리는 도형을 이어 붙일 때도 나름대로 기준을 만들 필요가 있지요.

다음 문제를 풀어봅시다.

(1) 한 변이 1cm인 정삼각형 2개와 정사각형 2개를 이어 붙인 그림을 모두 그리시오.

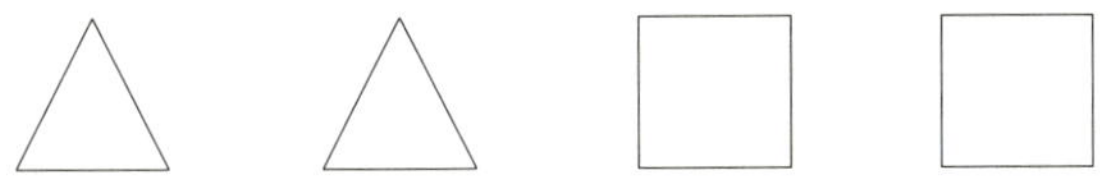

(2) 다음 그림은 한 변이 1cm인 정삼각형과 정사각형을 이어 붙인 그림입니다. 이와 같이 이 도형을 몇 개씩 이어 붙여 만들 수 있는 도형은 최대 몇 각형이 됩니까?

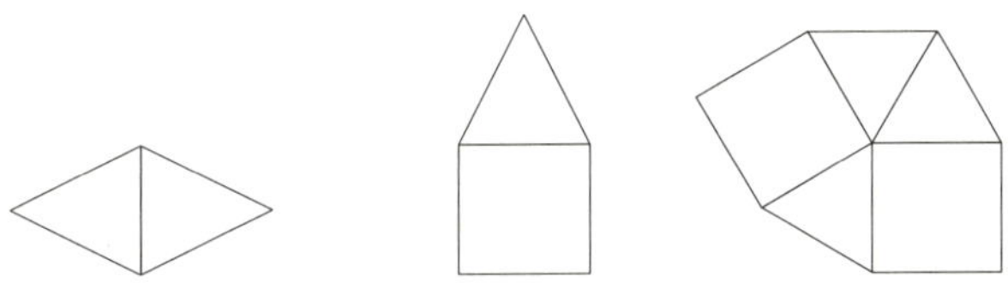

(4각형) (5각형) (7각형)

2 무늬 맞추기

우리는 보도블럭이나 벽지에서 여러 가지 무늬를 발견할 수 있습니다. 이 무늬들은 간단한 기본 무늬에서 출발합니다. 먼저 정사각형 모양에 사분원이 그려져 있는 보도블록으로 여러 가지 무늬를 만들어 봅시다.

먼저 보도블럭 2개를 이어 붙여 만든 다음과 같은 무늬를 살펴봅시다.

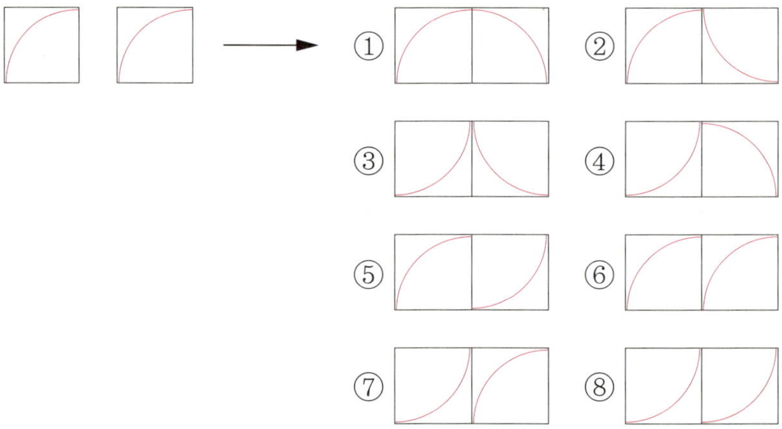

무늬 8개 중에서 ②와 ④, ⑥과 ⑧은 뒤집으면 같은 모양이므로 이것은 하나로 봅니다. 그래서 모두 6개의 무늬를 만들 수 있습니다. 또 ① ~ ④는 무늬가 모두 연결되어 있지만, ⑤ ~ ⑧은 무늬가 연결되어 있지 않습니다.

무늬 맞추기를 한다는 것은 도형을 길이가 같은 변끼리 이어 붙여야 하고, 무늬는 모두 연결되어야 한다는 의미입니다. 이때 돌리거나 뒤집어서 같아지는 모양은 하나로 봅니다. 따라서 무늬 맞추기를 한 그림은 ①, ②, ③의 3개입니다.

다음에는 위의 보도블럭 3개의 무늬맞추기 그림을 그려 봅시다.

▸▸ 저는 다음과 같이 찾았습니다.

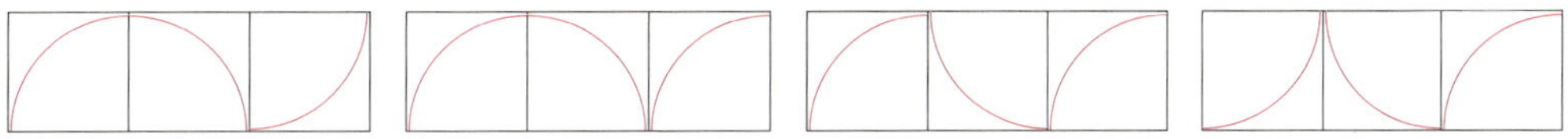

또 다른 그림은 없을까요?

▸▸ 다음 그림도 무늬 맞추기를 한 것입니까?

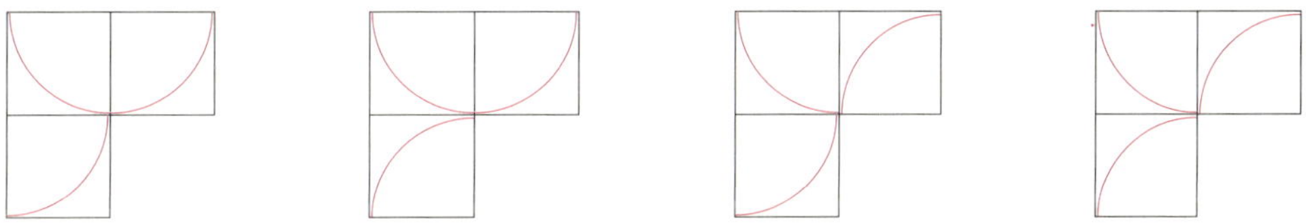

물론 무늬 맞추기를 한 것입니다. 아주 잘 찾았어요.

이와 같이 보도블럭 3개를 연결하여 무늬맞추기를 할 때에는 보도블럭 3개를 놓는 방법을 먼저 생각하고, 그 그림에서 무늬맞추기를 해야 합니다. 다시 말하면 다음의 두 단계를 거쳐야 합니다.

(1) 보도블럭 3개를 놓는 방법을 찾습니다.

(2) 각각의 모양에서 무늬를 그립니다.

2 무늬 맞추기

다음 문제를 풀어봅시다.

4분원이 그려진 보도블럭 4개를 정사각형 모양으로 배열할 때의 무늬와 직사각형 모양으로 배열할 때의 무늬를 모두 그리시오.

(1) 정사각형 모양

(2) 직사각형 모양

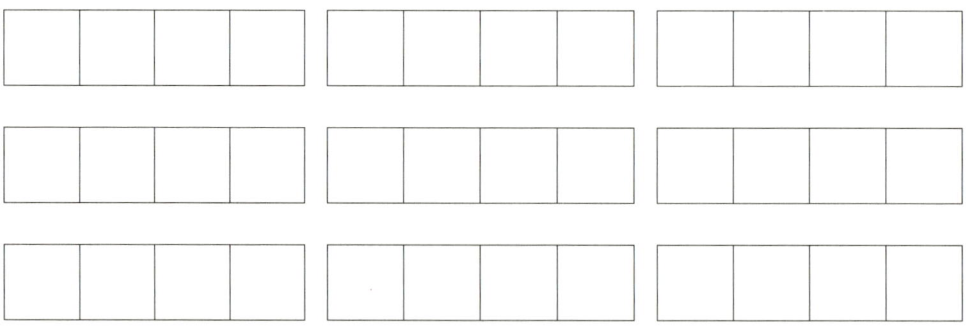

또 다른 예를 살펴봅시다.

▸▸ 대각선 1개가 그려진 정사각형 보도블럭 3개를 이어 붙여 만든 무늬를 그려 봅시다. 이 그림도 대각선이 무늬이므로 이것을 연결한 것은 다음의 2가지가 있습니다.

▸▸ 그런데 두 개의 무늬가 같습니다. 뒤집으면 일치하거든요.

또 다른 그림은 없을까요?

▸▸ 앞에서와 같이 다음 그림과 같이 그려도 됩니다.

잘했습니다. 그래서 모두 3가지 무늬가 나오지요.
다음 문제도 생각해 봅시다.

다음과 같은 보도블럭 4개로 만들 수 있는 무늬를 모두 그려봅시다.

▸▸ 먼저 정사각형 4개를 이어 붙인 도형을 모두 찾아야 합니다. 이것은 다음의 5가지가 있습니다.

(그림 1)

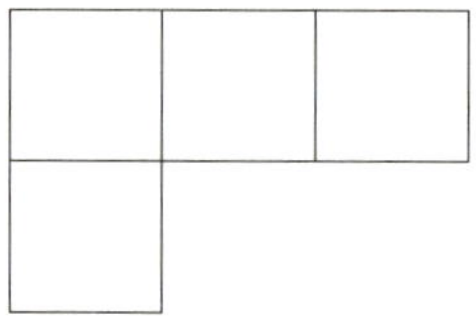
(그림 2)

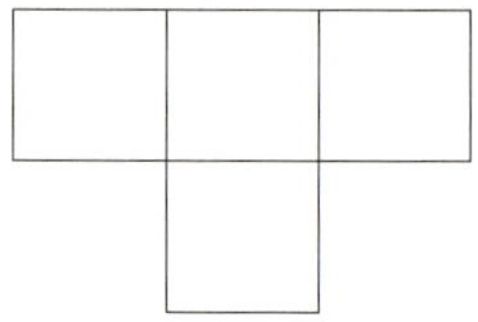
(그림 3)

(그림 4)

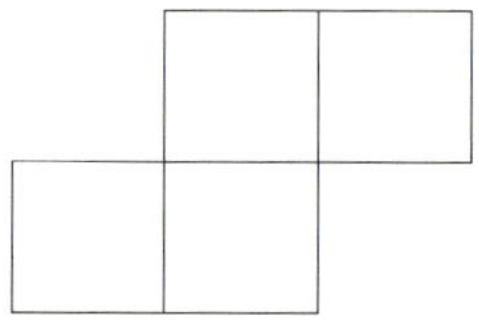
(그림 5)

▸▸ (그림 1)에 무늬를 넣으면 다음과 같습니다.

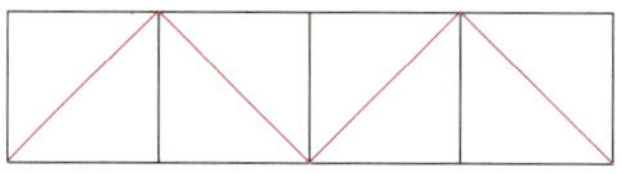

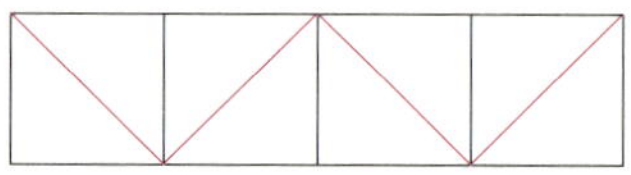

그런데 이 무늬는 같습니다.

▸▸ 저는 (그림 2)에 무늬를 넣었습니다.

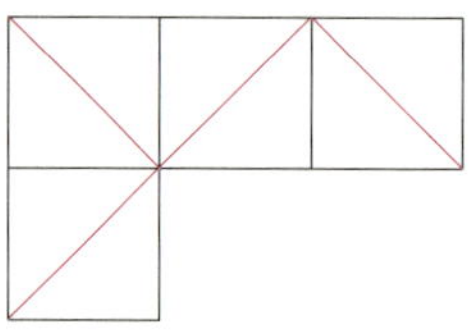

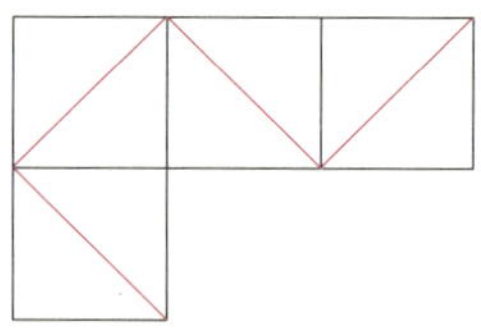

▸▸ 저는 (그림 3)에 무늬를 넣었어요. 그런데 뒤집으면 두 개가 같아져요.

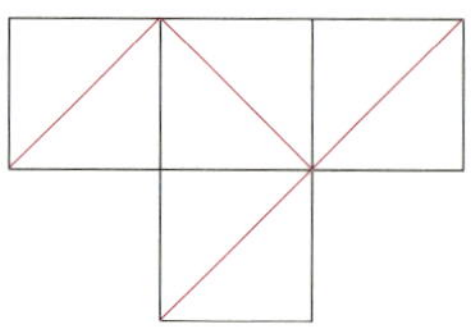

=

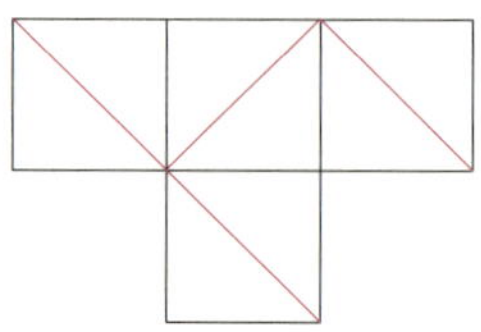

▸▸ 저는 (그림 4)와 (그림 5)에 무늬를 넣었어요.

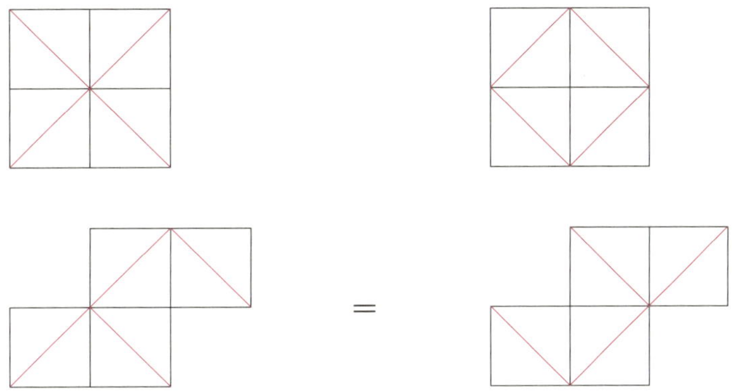

잘 찾았습니다. 그러면 다음 문제를 풀어보세요.

한 대각선의 무늬가 그려진 정사각형 모양의 보도블럭 5개가 있습니다. 만들 수 있는 무늬를 모두 그리시오.

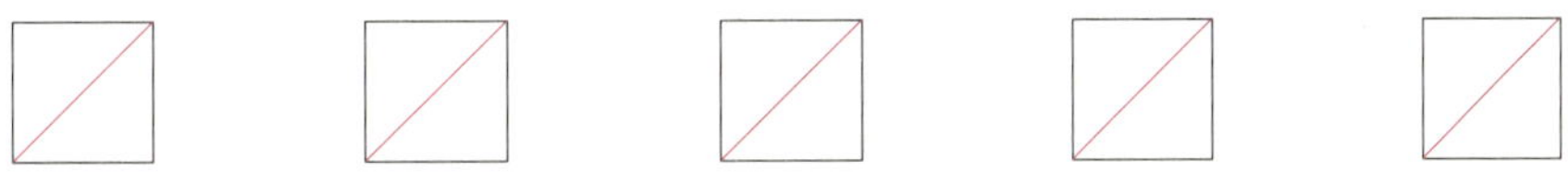

3 조각 맞추기

우리는 먼저 조각을 맞춘다는 의미부터 생각해 보겠습니다. 여기에 다음과 같은 조각 2개가 있습니다.

이것은 정사각형 3개를 ㄴ자 형태로 이어 붙인 조각입니다.
이것을 연결한 다음 그림을 봅시다.

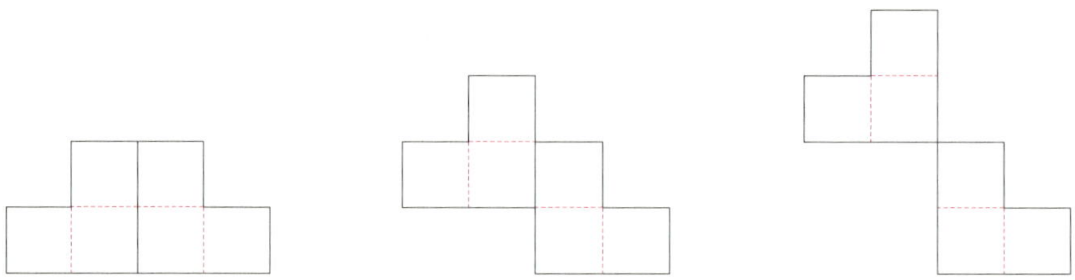

(1) (2) (3)

그림 (1)은 길이가 같은 한 변이 완전히 겹쳐 있지만, (2)는 일부분만 겹쳐 있고, (3)은 꼭지점 한 점만 겹쳐 있습니다. (1)과 같이 길이가 같은 변을 겹쳐 놓는 것을 **조각 맞추기**라 합니다. 그러므로 (2)와 (3)은 조각맞추기를 한 것이 아닙니다.

▸▸ 다음 그림은 조각을 맞추기를 한 것입니까?

(4) (5)

겹쳐지는 변의 길이가 같고, 완전히 겹쳐 놓은 것은 (5)이며, (4)는 길이가 같지 않은 변이 겹쳐 있어요. 그래서 (5)만 조각 맞추기를 한 것입니다. 또 다른 그림을 그려 보세요.

▸▸ 저는 다음과 같이 했습니다.

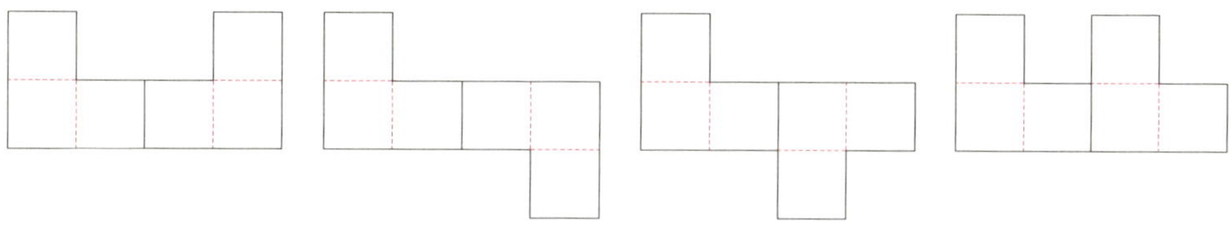

(6) (7) (8) (9)

가 조각을 놓은 그림은 조각 맞추기를 한 것입니까?

▸▸ (6)과 (7)은 조각 맞추기를 한 것이지만, (8)과 (9)는 조각 맞추기를 한 것이 아닙니다. 왜냐 하면 길이가 다른 변을 연결했으니까요.

그렇습니다. 이 잘 설명했어요. 그러면 처음 조각을 다시 살펴봅시다. 이 도형은 변이 모두 몇 개입니까?

▸▸ 작은 정사각형의 한 변을 1이라 할 때, 길이가 1인 변이 4개이고 길이가 2인 변이 2개 입니다.

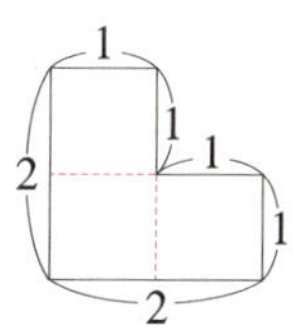

그러니까 조각 맞추기는 길이가 2인 변은 길이가 2인 변과, 길이가 1인 변은 길이가 1인 변과 완전히 겹쳐 놓아야 합니다.

이 잘 설명했습니다. 우리는 지금까지 조각 맞추기를 한 그림 몇 개를 그렸습니다. 나머지 그림도 찾아봅시다.

▸▸ 제가 몇 개를 더 찾았어요.

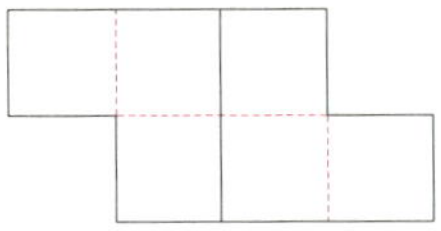

(10)

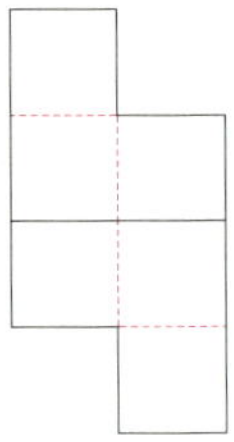

(11)

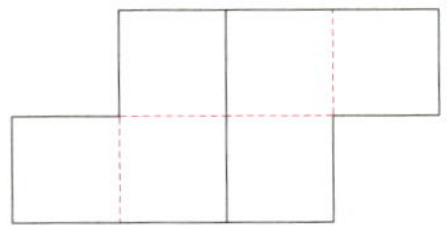

(12)

▸▸ 가 찾은 (10), (11), (12)는 모두 같은 그림입니다. (10)을 돌리면 (11)이 되고, (10)을 뒤집으면 (12)가 됩니다.

잘 설명했어요. 또 다른 그림은 없을까요?

▸▸ ……

빠뜨리지 않고, 중복되지 않도록 모두 찾으려면 어떤 기준이 있어야 합니다. 그러면 처음부터 다시 시작해봅시다.

▸▸ 먼저 길이가 2인 것을 겹쳐놓았어요. 길이가 2인 변은 2개이지만 돌리면 같아지므로 한 개로 생각하니 다음 그림 2개가 만들어집니다.

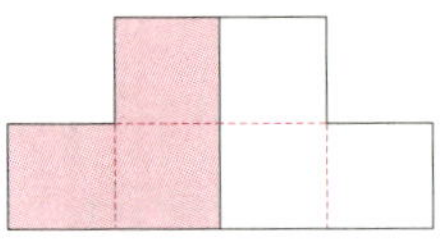

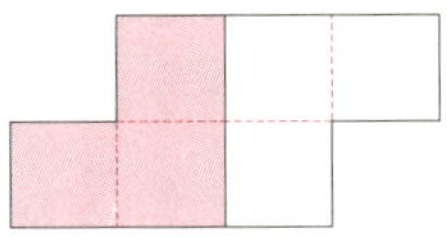

▸▸ 저는 길이가 1인 것 중 볼록한 변을 겹쳤어요. 이것도 이 설명할 것처럼 돌리면 같아지므로 한 개로 생각했어요.

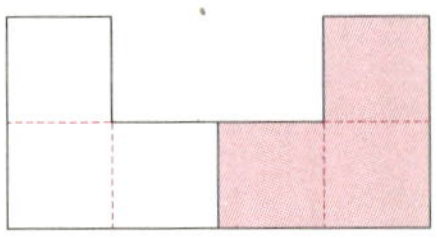

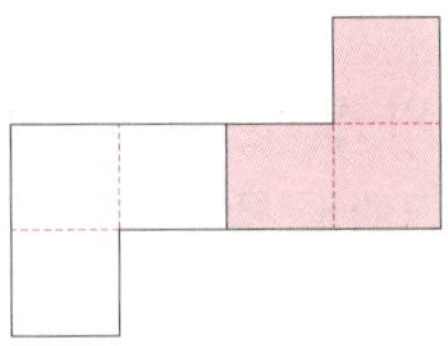

▸▸ 또 있어요. 오목한 변을 겹쳤어요. 그랬더니 다음 그림 1가지가 만들어져요.

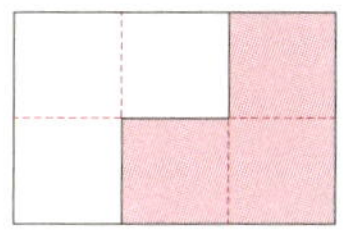

길이가 같은 변끼리 겹치는 방법을 모두 조사했으므로 모든 경우를 다 조사한 것입니다. 그러면 다음 문제를 풀어봅시다.

다음 그림과 같이 정사각형 4개를 이어 붙인 조각 2장이 있습니다. 이것을 길이가 같은 변끼리 이어 붙여 조각 맞추기를 한 그림을 모두 그리시오.

▸▸ 저는 길이가 가장 긴 변을 겹쳤어요.

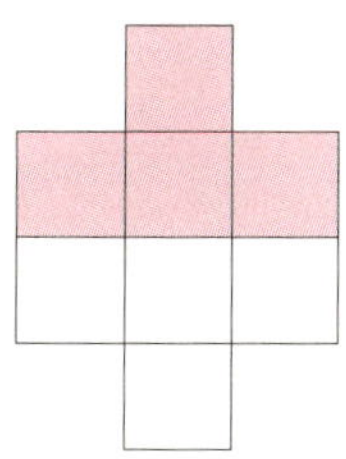

3 조각 맞추기

▸▸ 저는 길이가 짧은 것 중에서 볼록한 변을 겹쳐 다음 그림 4개를 찾았어요.

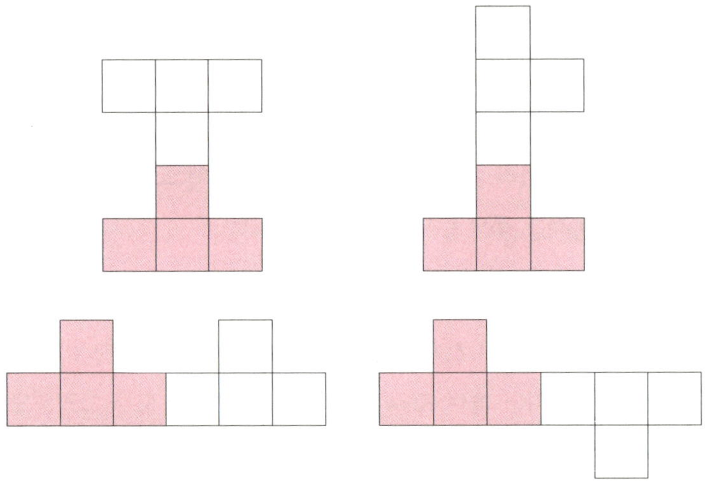

▸▸ 저는 오목한 변을 겹쳤어요.

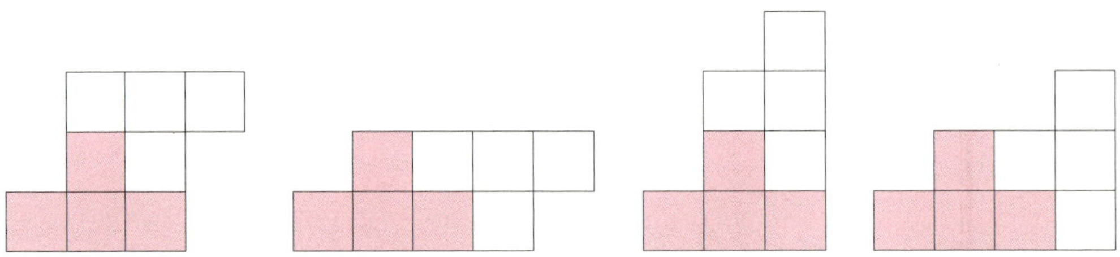

▸▸ 선생님, 다음 그림이 또 있어요.

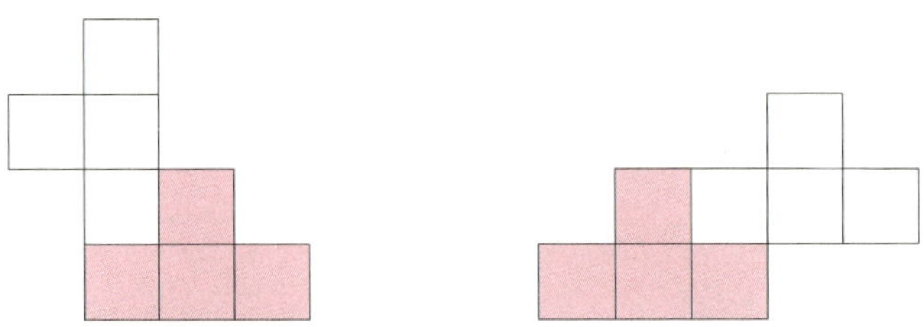

▸▸ 이 그린 것은 조각 맞추기를 한 것이 아닙니다. 왜냐하면 길이가 긴 변과 짧은 변이 겹쳐 있어요.

가 잘 설명했어요. 그래서 모두 9개가 됩니다. 이와 같이 어떤 기준을 만들어 찾으면 빠뜨리지 않고 찾을 수 있답니다.
다음 문제를 풀어보세요.

정사각형 5개로 만들어진 다음 두 조각을 맞춘 그림을 모두 그리시오.

이번에는 조각 맞추기는 아니지만 선분을 어떤 조건에 맞도록 연결하는 그림을 생각해 봅시다. 먼저 길이가 같은 선분 3개를 90° 나 180° 가 되도록 이어 붙인 그림을 모두 그려 봅시다.

▸▸ 선생님, 막대 2개를 90° 가 되도록 이어 붙인 것과 180° 가 되도록 이어 붙인 것은 다음 그림을 의미하나요?

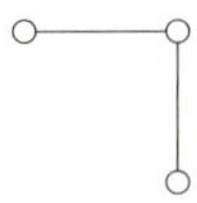

(90°)

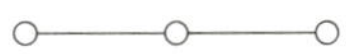

(180°)

그렇습니다. 이제 3개를 이어 붙여 보세요.

▸▸ 저는 처음에 90° 가 되도록 이어 붙인 그림에 다시 하나를 이어 붙였습니다.

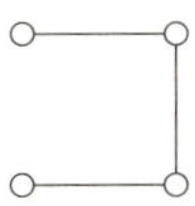

(1)

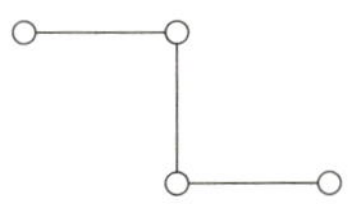

(2)

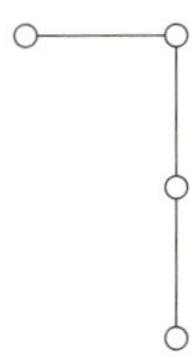

(3)

▸▸ 저는 처음에 180°가 되도록 이어 붙인 그림에 다시 하나를 이어 붙였어요.

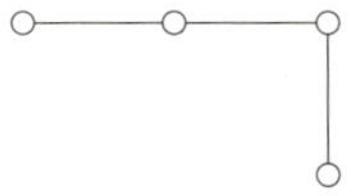

(4)

(5)

▸▸ 그림 (3)과 그림 (4)가 같아요. 그리고 다음 그림도 되나요?

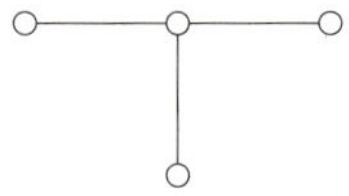

(6)

가 잘 말했어요. 그림 (6)도 막대 3개를 이어 붙인 그림입니다.
다음 문제도 풀어 봅시다.

길이가 같은 막대 4개를 90° 또는 180°로 연결한 무늬를 모두 그리시오.

이제 앞에서 만든 무늬를 이용하여 다음 문제를 풀어봅시다.

다음과 같은 무늬 2개가 있습니다. 이것을 선은 겹치지 않고 점만 겹쳐 만든 새로운 무늬를 모두 그리시오.(단, 선과 선은 90° 또는 180°로 연결되어야 합니다.)

▸▸ 다음과 같이 그리면 되나요.

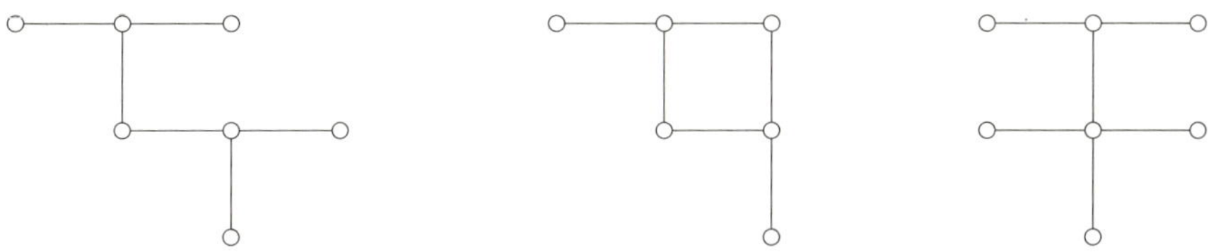

잘 했어요. 이런 그림을 모두 찾으려면 어떻게 해야 할까요?

▸▸ 글쎄요. 그려봐야 알 것 같은데요.

▸▸ 알았어요. 점에 다음과 같이 번호를 붙여요. 그리고 번호와 번호를 연결한 것을 그림으로 나타내요.

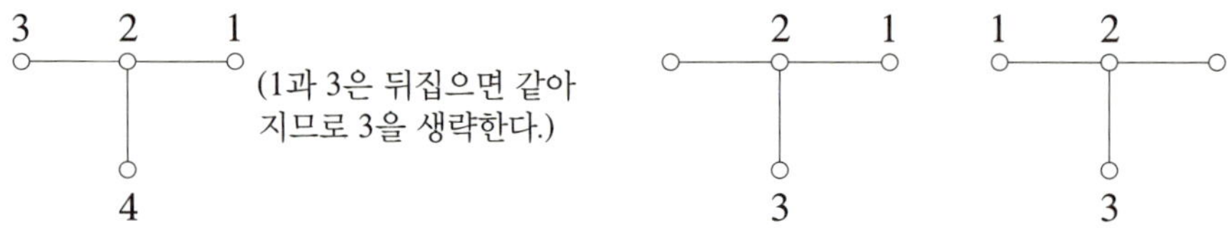

(1, 1) 은 1과 1을 겹치는 그림을 의미합니다. (1, 1)을 그리면 다음과 같습니다.

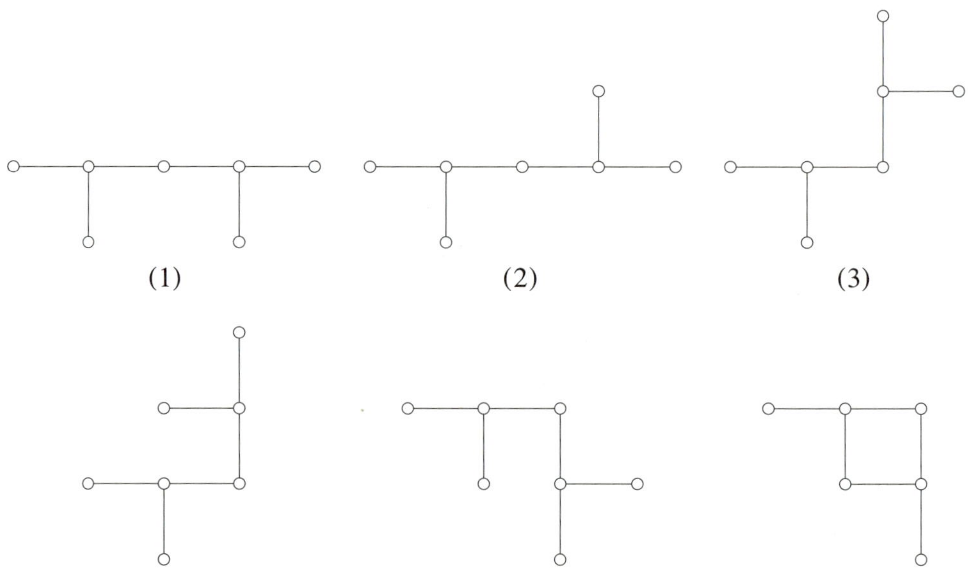

(1) (2) (3)

(4) (5) (6)

▸▸ 가 그린 그림 중 (4)와 (5)를 다음과 같이 돌리면 같아요.

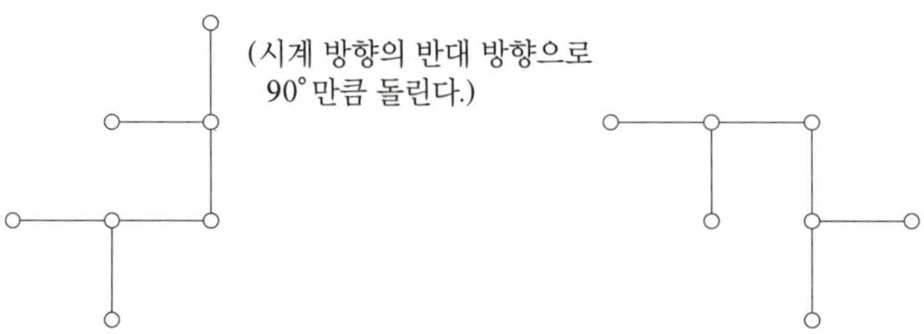

(4) (5)

잘 했어요. 그러니까 (1, 1)은 모두 5개의 무늬가 만들어지는군요. 계속 찾아 볼까요!

▸▸ 저는 (2, 2)를 찾으려 했으나, 그릴 수가 없었어요. 선이 겹치게 되요. 그래서 (1, 3)을 찾았어요.

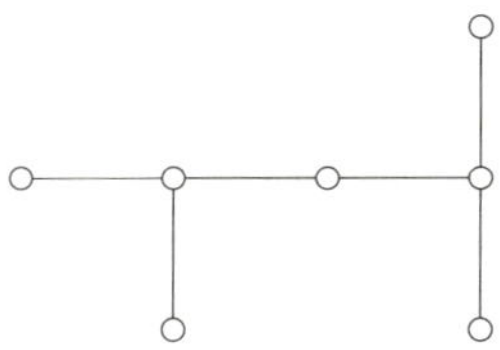

(7)

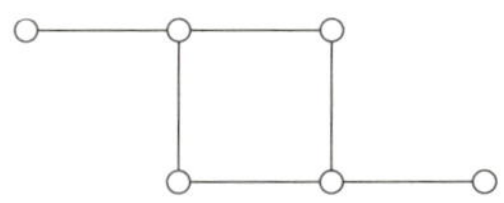

(8)

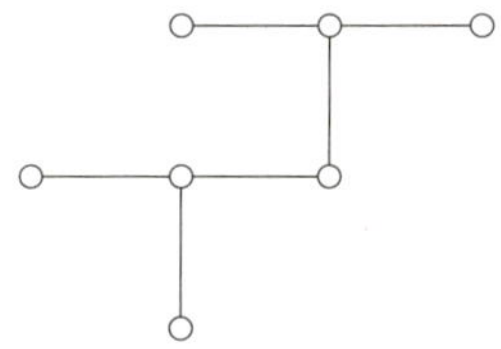

(9)

▸▸ (1, 3)과 (3, 1)은 같아요. 그러므로 아직 그리지 않은 것은 (1, 2)와 (2, 3), (3, 3)이 있어요.

(1, 2)

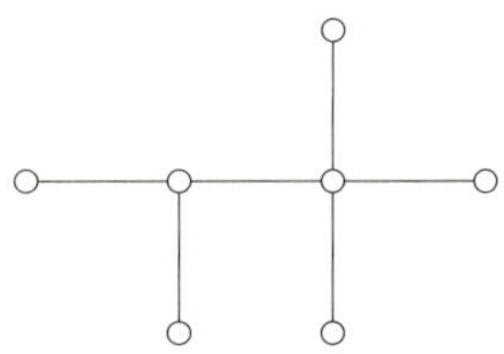

(10)

(2, 3)

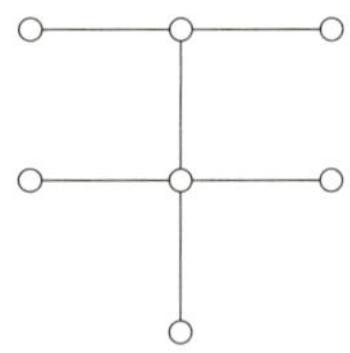

(11)

(3, 3)

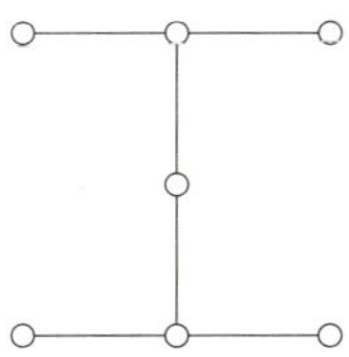

(12)

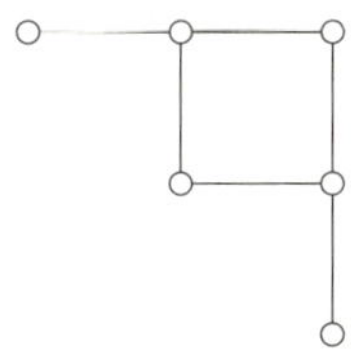

(6)과 같다.

그러면 모두 찾았나요? 또 겹치는 그림은 없어요?

▸▸ 예 모두 찾았어요. 모두 무늬가 11개 있습니다.

이 그림을 모눈종이에 그리면 보기가 더 쉽답니다. 다음 모눈 종이에 그려 보겠습니다.

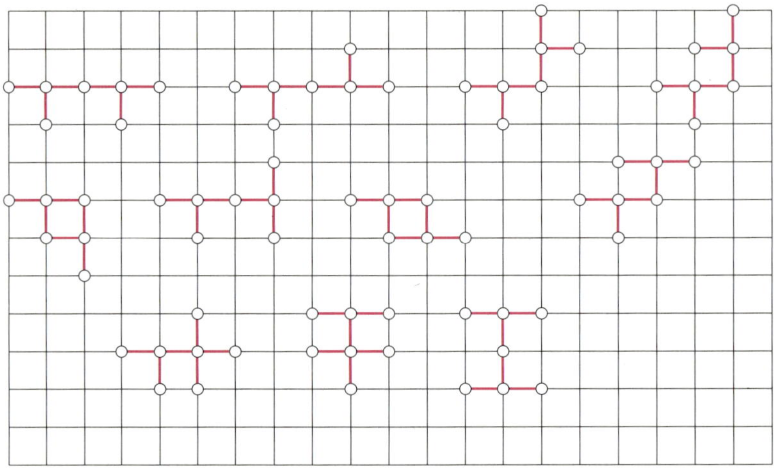

다음 문제를 푸시오.

길이가 같은 막대 3개로 만든 다음 두 무늬를 선은 겹치지 않고 점만 겹쳐 새로운 무늬를 만드시오.(단 선과 선은 90° 또는 180°로 연결되어야 합니다.)

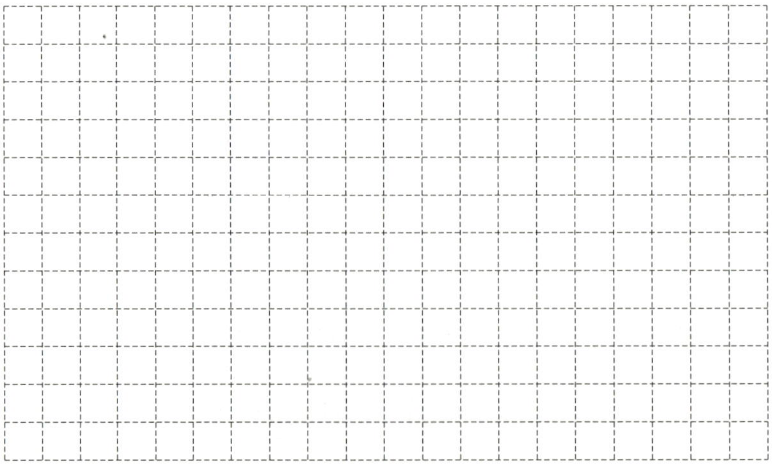

4 길 찾기

먼저 다음 문제로부터 시작합시다.

다음 그림과 같이 격자로 된 도로망이 있습니다. 점 ㄱ에서 점 ㄴ까지 가는 가장 빠른 길은 몇 가지입니까?

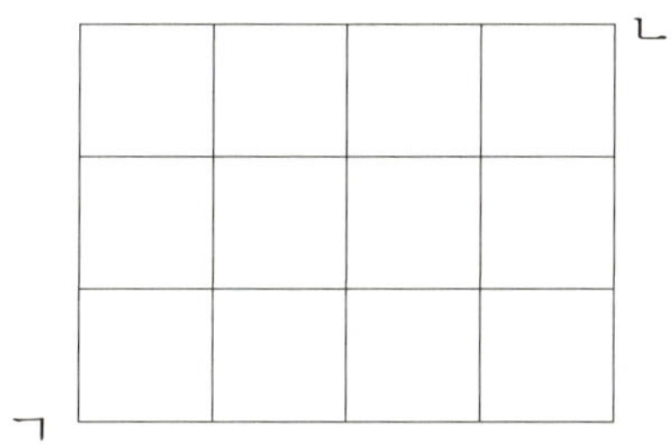

이 문제를 풀기 전에 다음 그림에서 점 ㄱ에서 ㄴ까지 가는 가장 빠른 길은 몇 가지인지 알아봅시다.

(1) (2) (3) (4)

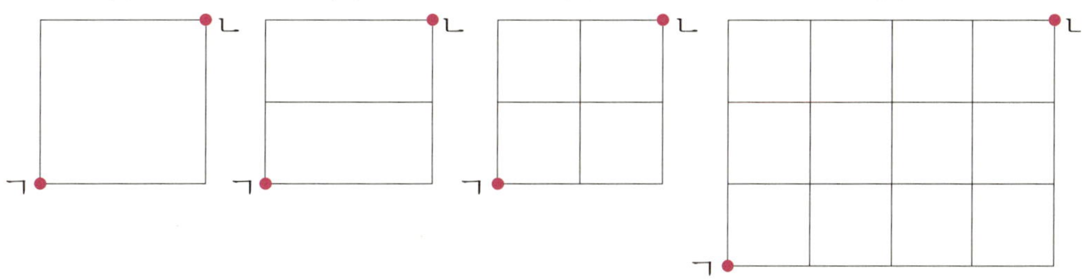

▸▸ (1)에서 점 ㄱ에서 점 ㄴ까지 가는 가장 빠른 길은 다음의 2가지입니다.

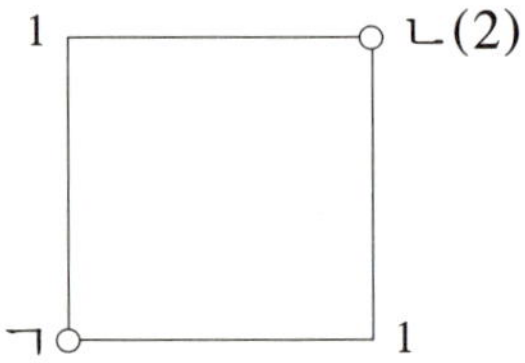

▸▸ (2)를 살펴보면, (점 ㄱ → 점 ㄷ)은 2가지가 있고, (점 ㄷ → 점 ㄴ)은 1가지가 있으므로 점 ㄷ을 지나는 길은 2가지이며, 점 ㄹ을 지나는 길은 1가지이므로 모두 3가지입니다.

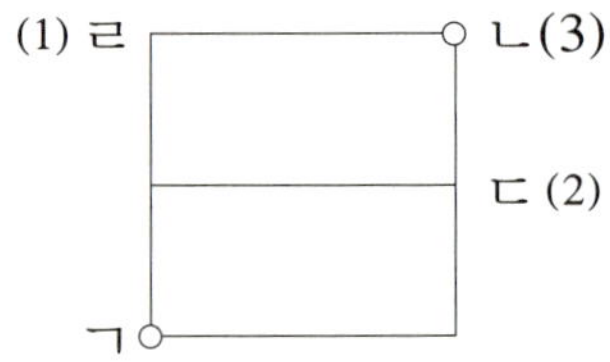

▸▸ (3)에서 (점 ㄱ → 점 ㄷ)은 3가지, (점 ㄱ → 점 ㄹ)은 3가지이므로 (점 ㄱ → 점 ㄴ)은 점 ㄷ을 지나는 길 3가지와 점ㄹ을 지나는 길 3가지를 합해서 6가지입니다.

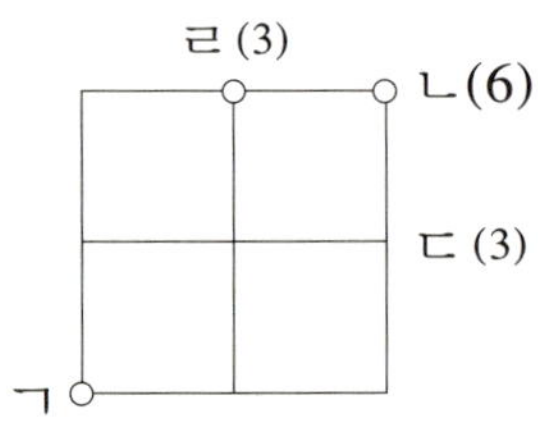

여기에서 다음 그림과 같이 모눈 종이의 격자점에 수를 써 넣은 것과 같음을 알 수 있지요. 이와 같이 (4)도 구해볼까요?

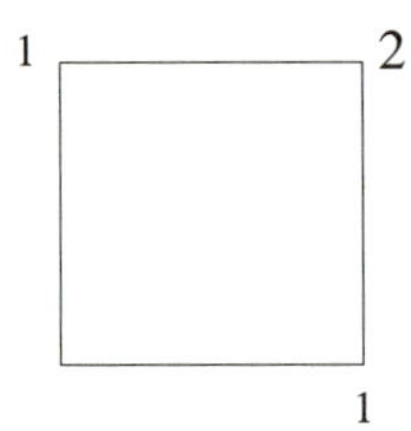

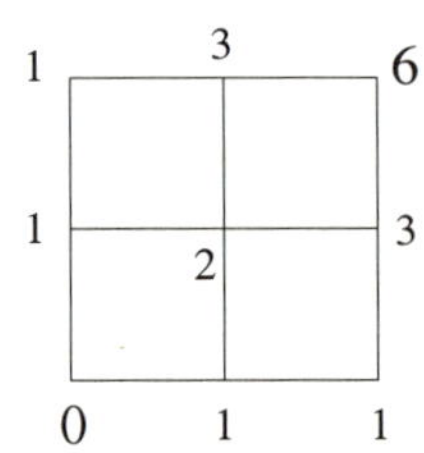

▸▸ 제가 해 보겠습니다.

① 먼저 가로줄과 세로줄에 1을 적습니다.

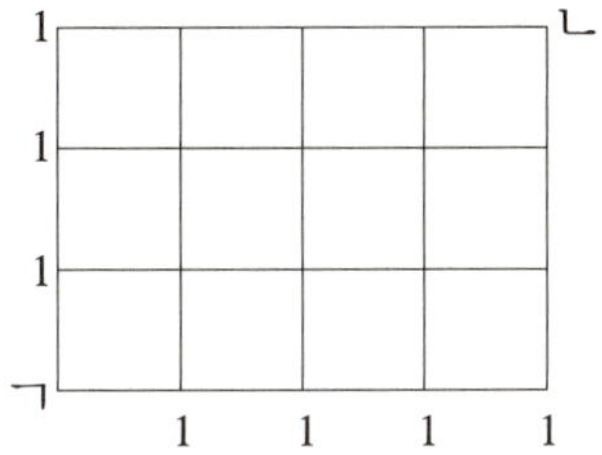

② 격자점에 가로줄과 세로줄의 수의 합을 적습니다.

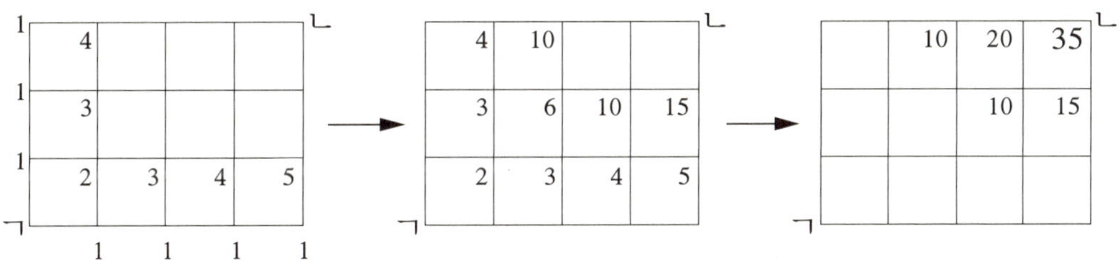

③ 점 ㄴ에 적힌 수가 점 ㄱ에서 점 ㄴ까지 가는 가장 빠른 길의 가짓수입니다.

다음 그림을 보고 물음에 답하시오.

(1) 점 ㄱ에서 점 ㄷ까지 가는 가장 빠른 길은 몇 가지입니까?

(2) 점 ㄷ에서 점 ㄴ까지 가는 가장 빠른 길은 몇 가지입니까?

(3) 점 ㄱ에서 점 ㄴ까지 가는데, 점 ㄷ을 지나는 가장 빠른 길은 몇 가지입니까?

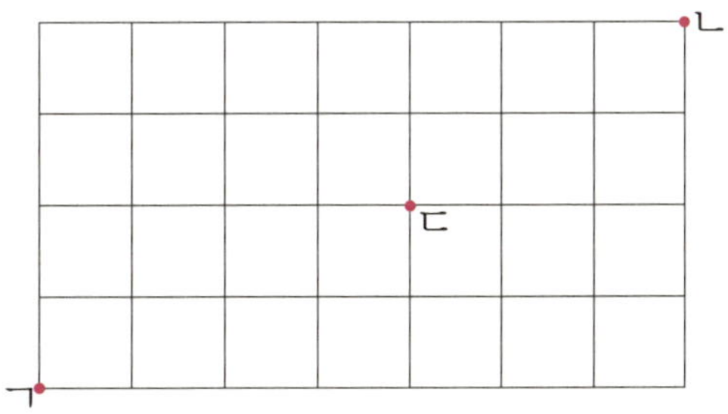

잘 했어요. 그러면 다음 문제를 푸시오.

다음 도로망에서 점 ㄱ에서 점 ㄴ까지 가는 가장 빠른 길은 몇 가지입니까? (단, 연못이나 논의 둘레는 길이 아닙니다.)

(1)

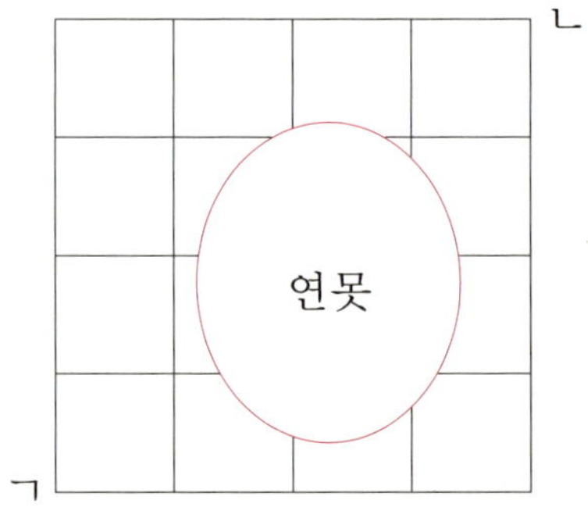

(2)

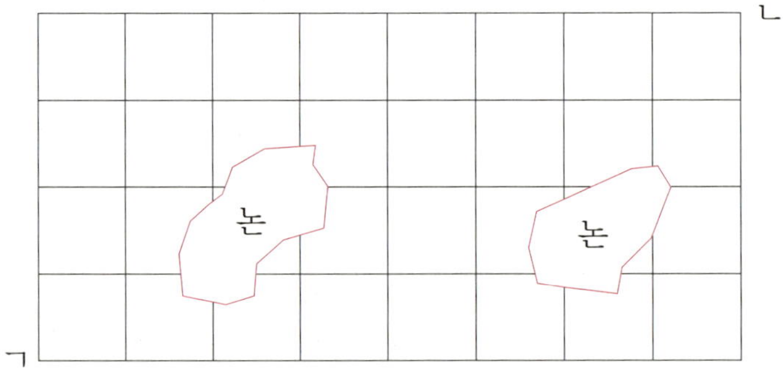

(3)

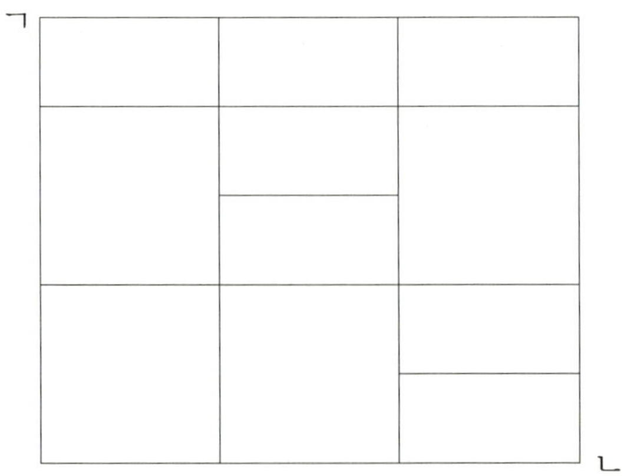

정삼각형 모양으로 만들어진 다음 길에서 작은 정삼각형 한 변을 단위길이라 할 때, 단위길 2개로 만들어지는 길의 모양을 찾아봅시다.

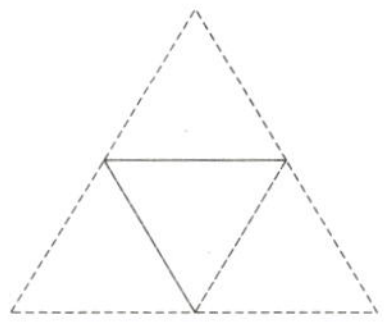

▸▸ 선생님, 단위길 2개라는 것은 작은 삼각형의 변 2개가 연결된 것을 말하는 것인가요?

그렇습니다. 다음 그림에 나타난 길은 모두 모양이 같은 것입니다.

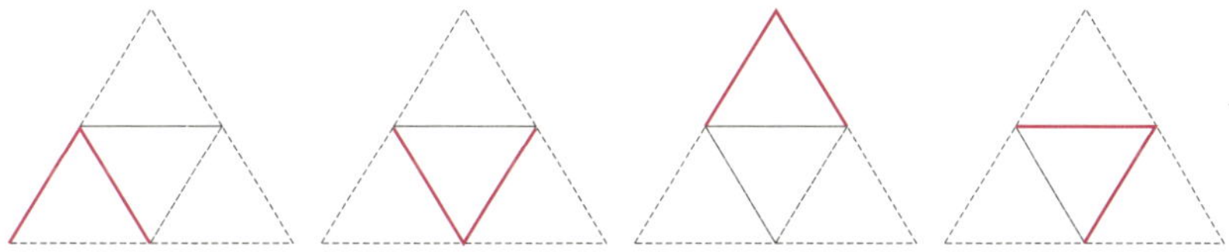

▸▸ 서로 다른 길은 다음의 3가지가 있습니다.

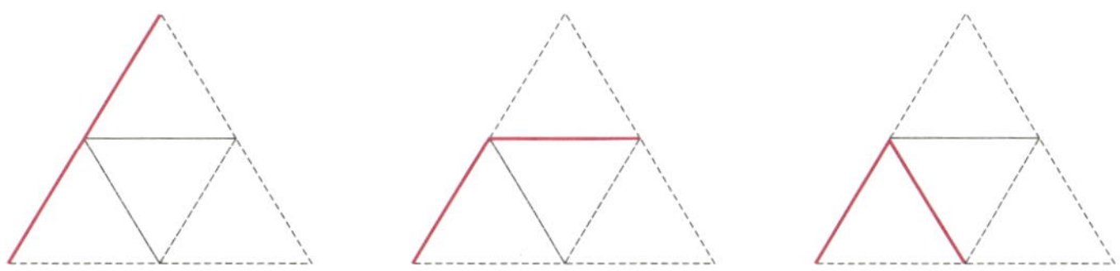

그러면 단위길 3개로 만들어지는 길의 모양을 찾아보세요.

▸▸ 저는 다음과 같은 길을 찾았어요.

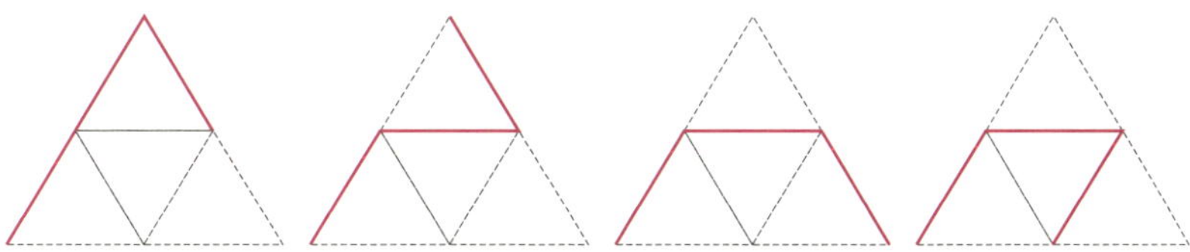

또 다른 길은 없을까요?

▸▸ 저도 찾았어요.

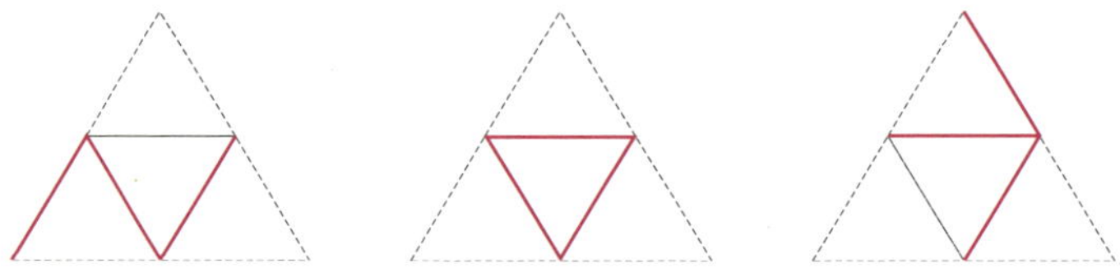

가 구한 모양 중에서 마지막 그림은 한 번에 갈 수 없습니다. 다시 되돌아 와서 가야 되기 때문에 우리는 길로 보지 않는답니다.
또 다른 길은 없나요?

▸▸ …

▸▸ 이것도 어떤 기준이 있었으면 좋겠어요. 저는 안에 있는 작은 삼각형의 세 변 중 0, 1, 2, 3개가 포함된 길을 찾았어요.

➡ 0 개가 포함된 길

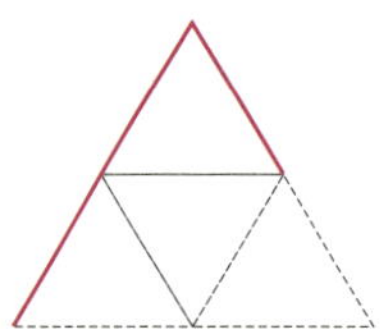

(1)

● 1개가 포함된 길

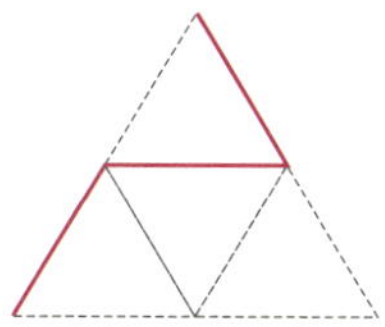

(2)

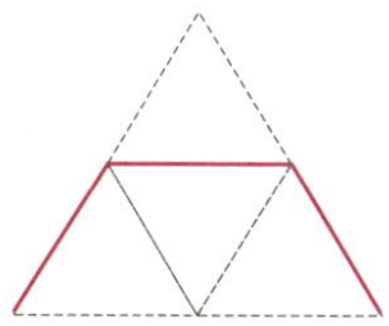

(3)

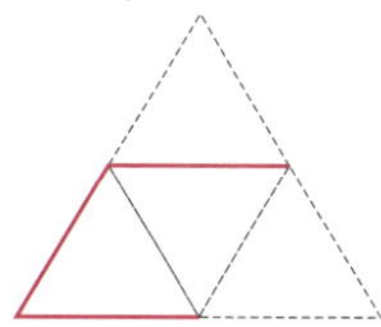

(4)

● 2개가 포함된 길

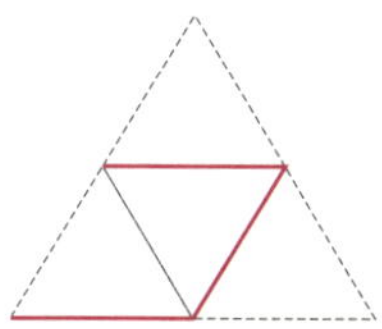

(5)

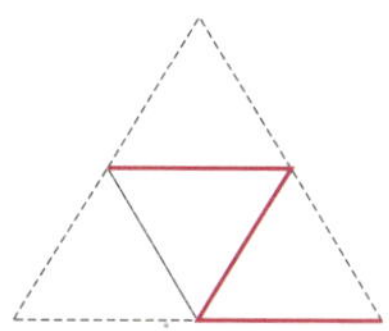

(6)

● 3개가 포함된 길

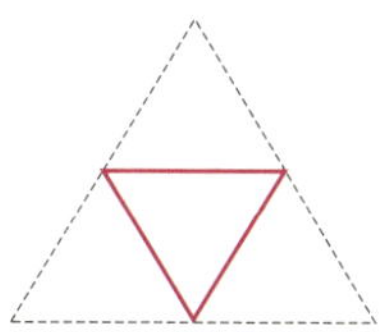

(7)

▸▸ 그런데 (4)와 (5)가 같은 모양이므로 길은 모두 6가지입니다.

잘 했습니다. 다음 문제를 풀어 봅시다.

다음 도형에서 단위길 4개로 만들어지는 길을 그려봅시다.

다음 문제도 생각해 봅시다.

정사각형 5개로 이루어진 다음 길에서 점 ㄱ에서 점 ㄴ까지 단위길 5개를 지나서 가는 길을 찾으시오

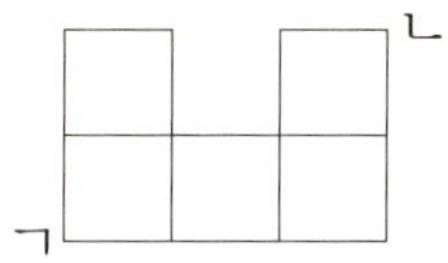

▸▸ 다음의 7가지가 있습니다.

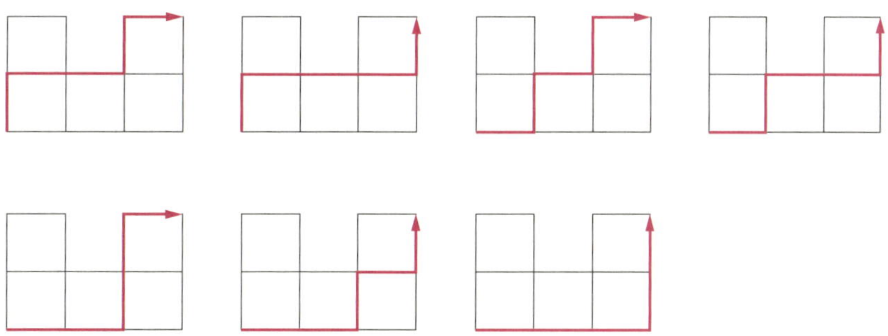

단위길 5개를 지나는 것은 점 ㄱ에서 점 ㄴ까지 가는 최단거리의 길이므로 앞에서 구한 방법으로 찾아봅시다.

▸▸ 다음 그림에 수를 넣었어요.

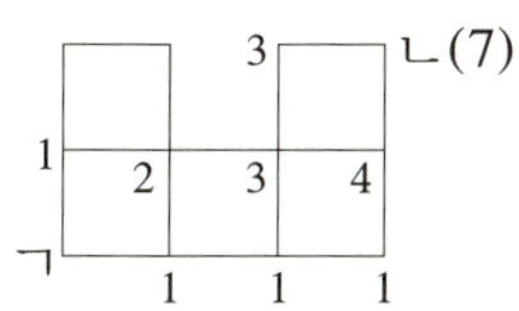

잘 했습니다. 가장 위의 가운데 길이 빠져 있으므로 최단 거리의 길은 다음 그림과 같이 고친 그림에서 생각하면 됩니다.

다음 문제를 풀어 보시오.

이제 앞의 그림에서 점 ㄱ에서 점 ㄴ까지 단위길 7개를 지나서 가는 길을 다음 도형에 모두 그리시오.

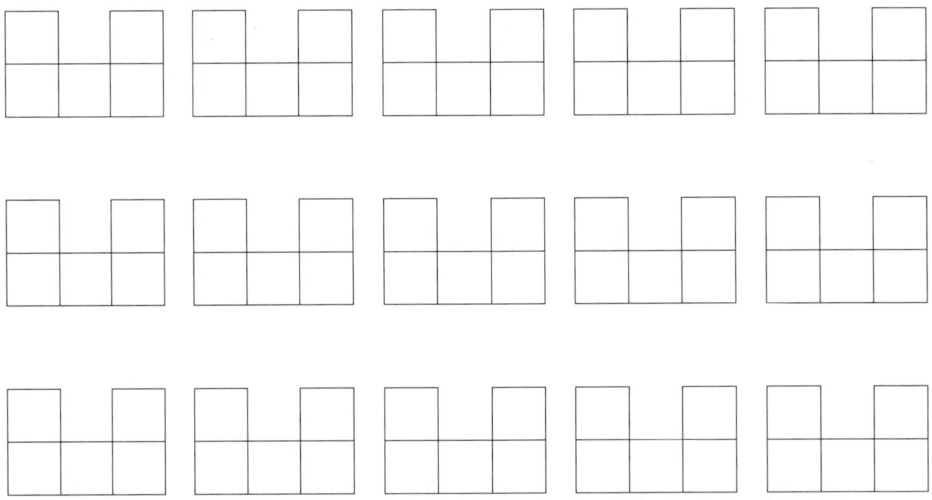

다음 문제를 푸시오.

(1) 오른쪽 정사각형에서 점 ㄱ에서 점 ㄴ까지 선(길)을 따라 가는데, 각 점에서 오른쪽 또는 위쪽 또는 대각선 위쪽으로만 갑니다.

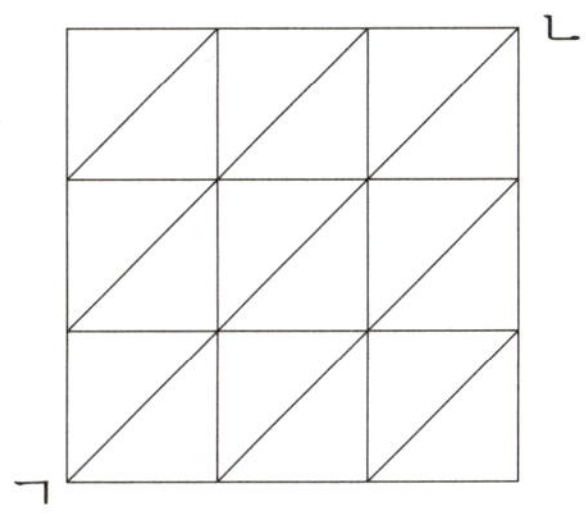

(ㄱ) 서로 다른 길이는 모두 몇 가지입니까?

(ㄴ) 가장 짧은 길이로 갈 때, 서로 다른 길은 모두 몇 가지입니까?

(ㄷ) 두 번째 짧은 길이로 갈 때, 서로 다른 길은 모두 몇 가지입니까?

(2) 오른쪽 정사각형 망에서 점 ㄱ에서 출발하여 똑바로 가거나 직각으로 꺾으면서 점 ㄴ까지 가는 방법은 모두 몇 가지입니까? (단, 두 번 지나는 점은 없습니다.)

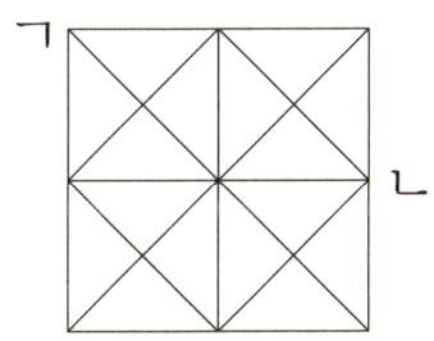

5 수 채우기

다음 문제를 읽고 생각해 봅시다.

그림의 □안에 다음 조건에 맞도록 1부터 5까지의 수를 써 넣은 그림을 모두 그리시오.

(1) 좌우로 이웃한 두 수를 볼 때, 오른쪽의 수가 왼쪽의 수보다 작습니다.
(2) 상하로 이웃한 두 수를 볼 때, 아래의 수가 위의 수보다 작습니다.

	□	□	□
□	□		

▸▸ 먼저 다음 그림에서 ①에 들어갈 수를 생각해 보았습니다.

	①	②	③
④	⑤		

① 보다 작은 수는 ②, ③, ⑤의 3개이므로 ①은 4이거나 5입니다.
그래서 저는 ①이 4일 때를 생각했습니다.
②, ③, ⑤는 4보다 작으므로, ④는 5입니다.
그래서 다음의 그림이 됩니다.

	4	3	2
5	1		

	4	3	1
5	2		

	4	2	1
5	3		

잘 했어요. 가 ①이 5일 때의 그림을 그려봐요.

▸▸ ①이 5이면 4는 ② 또는 ④입니다. 왜냐하면 ④는 ⑤보다 크므로 ⑤가 4일 수는 없어요.

	5	4	3
2	1		

	5	4	2
3	1		

	5	4	1
3	2		

	5	3	2
4	1		

	5	3	1
4	2		

	5	2	1
4	3		

잘 했어요. 이와 같이 어느 칸에 어떤 수가 들어갈지 잘 생각하면 빠뜨리지 않고 모두 구할 수 있답니다.
다음 문제를 풀어 봅시다.

다음 그림의 □안에 1부터 6까지의 수를 다음 조건에 맞게 한 번씩만 써 넣으려고 합니다. 모두 몇 가지 그림이 있을까요?

(1) 좌우로 이웃한 두 수를 볼 때, 오른쪽에 수가 왼쪽의 수보다 작습니다.
(2) 상하로 이웃한 두 수를 볼 때, 아래의 수가 위의 수보다 작습니다.

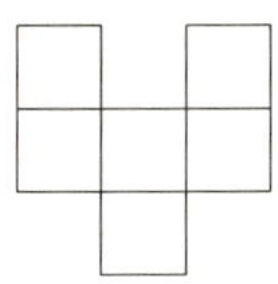

수를 한 줄로 배열하는 문제를 생각해 봅시다.

> 다음 6개의 빈 칸에 1, 2, 3을 각각 2번씩 씁니다. 그런데 1과 1 사이에는 한 개의 수가, 2와 2 사이에는 두 개의 수가, 3과 3 사이에는 세 개의 수가 들어가도록 하시오.
>
> | | | | | | |
> |---|---|---|---|---|---|
> | | | | | | |

▸▸ 1을 넣는 방법은 다음의 4가지 경우가 있어요.

(1)	1		1			
(2)		1		1		
(3)			1		1	
(4)				1		1

▸▸ (1)과 (4), (2)와 (3)은 뒤집으면 수를 넣은 모양이 같으므로 같은 것으로 보아도 됩니다. 그래서 (1), (2)의 두 경우에 3을 넣을 수 있는 곳을 찾았어요.

1		1			

→

1	**3**	1			**3**

→ 2를 넣을 수 없다.

	1		1		

→

3	1		1	**3**	

→

3	1	**2**	1	3	**2**

잘 했어요.

▸▸ 선생님, 저는 3부터 넣었더니 더 쉽게 해결되었어요.

3				3	

(같다)

	3				3

→

3		**2**		3	**2**

→

3	**1**	2	**1**	3	2

어느 수부터 넣어야 더 쉽게 풀릴까요?

▸▸ 큰 수부터 넣어요.

이것을 거꾸로 나열해도 조건을 만족시킬까요.

▸▸ 거꾸로 나열한 다음 그림도 조건을 만족시킵니다.

2	3	1	2	1	3

그러면 다음 문제로 확대해 보겠습니다.

앞의 문제와 같이 n과 n사이에 n개의 수가 있도록 배열하시오. 배열할 수 없는 것은 그 이유를 말하시오.

(1) 다음 빈 칸 8개에 1, 2, 3, 4를 두 번씩 쓰시오.

(2) 다음 빈 칸 10개에 1, 2, 3, 4, 5를 두 번씩 쓰시오.

이제는 좀 더 재미있는 문제를 풀어봅시다.

(1) 다음 □안에 1, 2, 3을 넣어서 만들 수 있는 수를 모두 구하시오.

(2) (1)에서 구한 수 중에서 앞에서부터 두 자리 수는 2로, 세 자리 수는 3으로 나누어떨어지는 수를 모두 찾으시오.

▸▸ (1)은 아주 쉽습니다. 다음의 6개입니다.

123, 132, 213, 231, 312, 321

▸▸ 123을 생각해 보겠습니다. 앞에서부터 두 자리 수 12는 2로 나누어떨어지고, 세 자리 수 123은 3으로 나누어 떨어집니다. 132는 13이 2로 나누어떨어지지 않습니다.

▸▸ 둘째수는 반드시 짝수이어야 하므로 123과 321만 조건에 맞습니다.

▸▸ 그러니까 다음과 같이 생각하면 됩니다.

①	②	③

①	②

…… 2의 배수 …… ②는 짝수

①	②	③

…… 3의 배수 …… ① + ② + ③이 3의 배수

잘 생각했어요. 문제를 잘 읽고, 여러분이 아는 수학적 사실을 활용해 보세요.
다음 문제도 해결해 봅시다.

(1) 앞에서부터 두 자리 수, 세 자리 수, …, 여섯 자리 수가 각각 2, 3, …, 6으로 나누어떨어지도록 다음 □ 안에 1부터 6까지의 수를 한 번씩만 써 넣으시오.

(2) 앞에서부터 두 자리 수, 세 자리 수, …, 아홉 자리 수가 각각 2, 3, … , 9로 나누어떨어지도록 다음 □ 안에 1부터 9까지의 수를 한 번씩만 써 넣으시오.

V

M.A.T.H.E.M.A.T.I.C.S

숫자 놀이

우리는 학교생활에서 수학 시간을 가장 힘들어 했고, 어떤 사람은 수학을 왜 배우는지 모르겠다고 하면서 포기하기도 했습니다. 수학의 내용 중에서 가장 많은 시간을 할애하는 것이 수와 연산이며, 학생들이 어려워하는 것도 수와 연산입니다.

여기에서는 수와 연산의 내용 중에서 우리가 학교에서 배우지 않은 독특한 내용을 문제로 만들어 보았습니다. 다소 엉뚱하기도 하며, 아주 쉽게 생각할 수 있는 문제도 있습니다.

그 중에 하나가 마방진 놀이입니다. 이것은 수학에서뿐만 아니라 일상생활에서도 들었던 용어입니다. 이 놀이를 하다보면 자기도 모르는 사이에 수와 친하게 될 것입니다. 또 이 장에서 제시된 문제를 풀다보면 수학이 재미있다는 생각이 들 것입니다. 대칭수, 자기 배수 등은 필자가 새롭게 만든 용어입니다. 학교 교육에서 전혀 들은 일이 없다고 어려워하지 마십시오. 다소 엉뚱한 발상이기도 하지만 이 문제들은 수학의 구조나 새로운 아이디어를 얻는 데 도움이 된답니다.

여러분이 진정한 영재라면, 아니 영재가 아니라 하더라도 충분히 생각하기만 하면 "아! 이런 문제도 있구나" 하고 감탄할 것입니다. 그리고 문제 하나하나가 풀릴 때마다 수학이 재미있어질 것입니다.

이 장에서 수학을 생각하면서 새로운 경험을 해 보시기 바랍니다.

1 합이 같은 마방진

우리는 n×n 모눈종이의 빈 칸에 1부터 n^2의 수를 한 번씩만 넣어, 가로, 세로, 대각선에 놓인 n개의 수의 합이 같도록 만든 수표를 **마방진**이라 합니다. 그러나 지금은 많이 발전하여 모눈종이가 아닌 여러 가지 모양의 마방진을 만듭니다.
다음 문제로부터 마방진을 생각해 봅시다.

다음 3×3 모눈종이에 1부터 9까지의 수를 넣어 마방진을 완성하시오.

▸▸ 이 문제는 많이 보았습니다. 1부터 9까지 수를 모두 넣으면 가로로 놓인 세 줄이 됩니다. 한 가로줄 세 수의 합을 □로 표시하면 다음과 같습니다.

$$1 + 2 + \cdots + 8 + 9 = \square \times 3$$

$$45 = \square \times 3$$

$$\square = 15$$

따라서 가로, 세로, 대각선에 놓인 세 수의 합은 15입니다. 지금부터 합이 15가 되는 세 수를 찾아보겠습니다.

1 + 5 + 9	1 + 6 + 8	
2 + 4 + 9	2 + 5 + 8	2 + 6 + 7
3 + 4 + 8	3 + 5 + 7	
4 + 5 + 6		

모두 8개의 식이 만들어지며, 가로 3줄, 세로 3줄, 대각선 2줄로 8개의 식이 모두 사용됩니다.

8개의 식에서 각각의 수가 몇 번씩 쓰였는지 알아보겠습니다.

2번 쓰인 수 : 1, 3, 7, 9

3번 쓰인 수 : 2, 4, 6, 8

4번 쓰인 수 : 5

3×3 모눈종이에서 가로, 세로, 대각선 방향으로 셀 때, 몇 번 중복되어 나타나는지 알아보겠습니다.

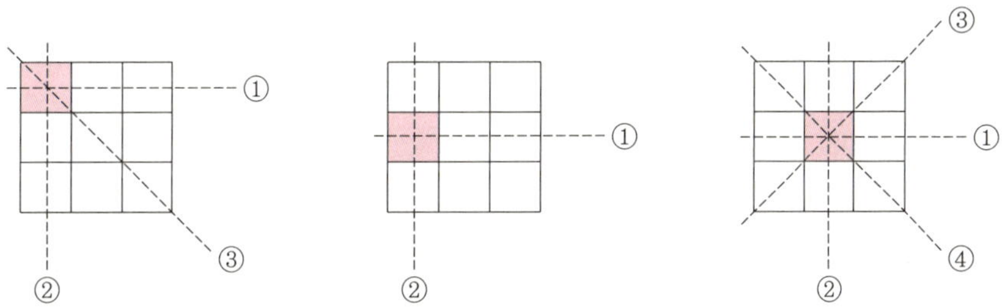

귀퉁이에 있는 수는 3번 중복된다. (2, 4, 6, 8)

변에 있는 수는 2번 중복된다. (1, 3, 7, 9)

중앙에 있는 수는 4번 중복된다. (5)

다음과 같이 마방진을 완성할 수 있습니다.

	5	

중앙에 5를 넣는다.

	3	
1	5	**9**
	7	

5와 1, 3, 7, 9의 합은 변을 채운다.
5 + 1 + 9
5 + 3 + 7

8	3	
1	5	9
	7	

1이 사용된 식
1 + 6 + 8
3이 사용된 식
3 + 4 + 8
겹치는 수 : 8

8	3	**4**
1	5	9
6	7	**2**

나머지 수를 채운다.

이 잘 설명했어요. 3×3 모눈종이로 만든 마방진을 **3차 마방진**, 4×4 모눈종이로 만든 마방진을 **4차 마방진**이라 합니다.

3차 마방진은 이 완성하는 방법을 잘 설명했지만, 4차 이상의 마방진은 쉽게 만들 수가 없습니다.

▸▸ 선생님, 이 푸는 마지막 과정에서 수를 넣을 때, 다음과 같이 넣어도 되나요?

	5	

→

	1	
3	5	**7**
	9	

→

8	1	**6**
3	5	7
4	9	**2**

과 가 만든 마방진은 같은 것이랍니다. 다음과 같이 생각해 봅시다.

8	3	4
1	5	9
6	7	2

시계 방향으로 90° 돌린다. →

6	1	8
7	5	3
2	9	4

좌우 방향으로 뒤집는다. →

8	1	6
3	5	7
4	9	2

다음 문제를 풀어봅시다.

다음 빈 칸에 1부터 17까지의 홀수를 넣어 마방진을 완성하시오.

다음에는 정사각형과 다른 모양의 마방진을 생각합시다.
다음 문제를 풀어 봅시다.

한 원 위에 놓인 네 수의 합이 같도록 다음 그림의 □ 안에 1, 2, 3, 4, 5를 한 번씩만 써 넣으시오.

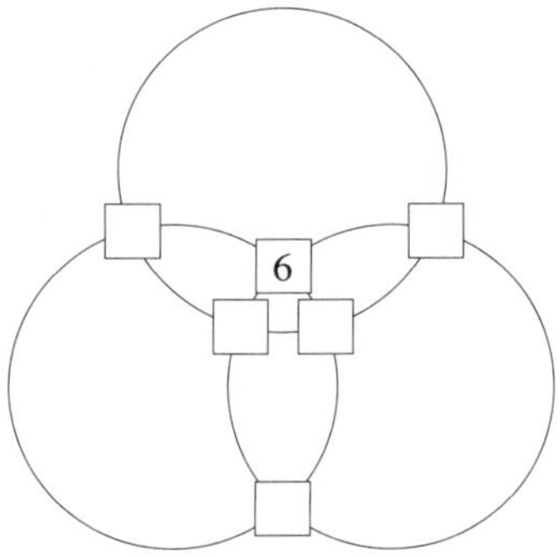

▸▸ 저는 빈 칸을 다음 그림과 같이 **ㄱ, ㄴ, ㄷ, ㄹ, ㅁ**이라 놓고 생각했어요.

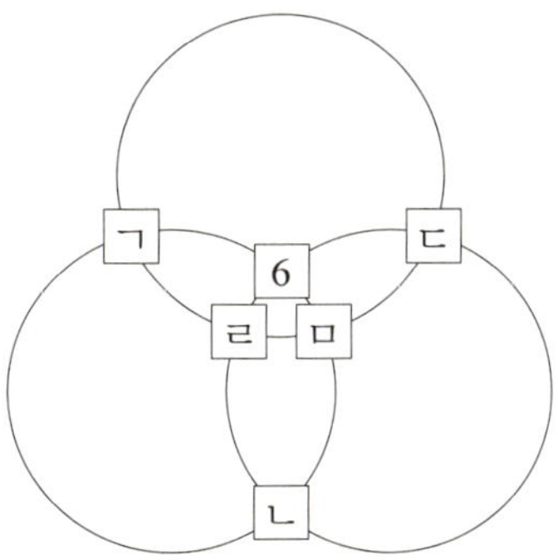

한 원 위의 네 수의 합을 **가**라 하면 다음이 성립합니다.

가 = ㄱ + 6 + ㅁ + ㄴ
가 = 6 + ㄹ + ㄴ + ㄷ
가 = ㄱ + ㄹ + ㅁ + ㄷ

이 잘 생각하고 있군요. 지금까지가 마방진 문제를 해결할 때, 꼭 거쳐야 하는 과정이지요. 다음에는 어떻게 해야 할까요?

▸▸ 세 식을 살펴보니 ㄱ, ㄴ, ㄷ, ㄹ, ㅁ과 6이 모두 두 번씩 쓰였어요. 그러므로 **가**를 3배한 수는 ㄱ + ㄴ + ㄷ + ㄹ + ㅁ + 6을 2배한 수와 같아요.
그런데 ㄱ + ㄴ + ㄷ + ㄹ + ㅁ + 6 = 1 + 2 + 3 + 4 + 5 + 6 = 21입니다.
즉 21×2 = **가** × 3에서 **가** = 14입니다.
따라서 네 수의 합이 14인 것을 찾으면 됩니다.

▸▸ 저는 앞의 세 식에서 **가** = 14로 놓고 생각했어요.

ㄱ + ㄴ + ㅁ = 8
ㄴ + ㄷ + ㄹ = 8

두 식을 더하면 (ㄱ + ㄴ + ㄷ + ㄹ + ㅁ) + ㄴ = 16이고,
ㄱ + ㄴ + ㄷ + ㄹ + ㅁ = 15 이므로 ㄴ=1입니다.

잘 했어요. 조금만 더 생각해 봅시다.

▸▸ ㄱ + ㅁ = 7, ㄷ + ㄹ = 7이므로 2, 3, 4, 5 중 합이 7인 두 식은 2 + 5 = 7, 3 + 4 = 7입니다.
그래서 다음 그림을 얻습니다.

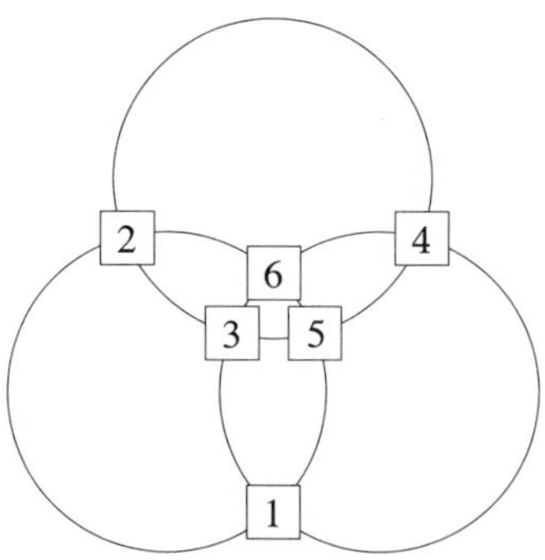

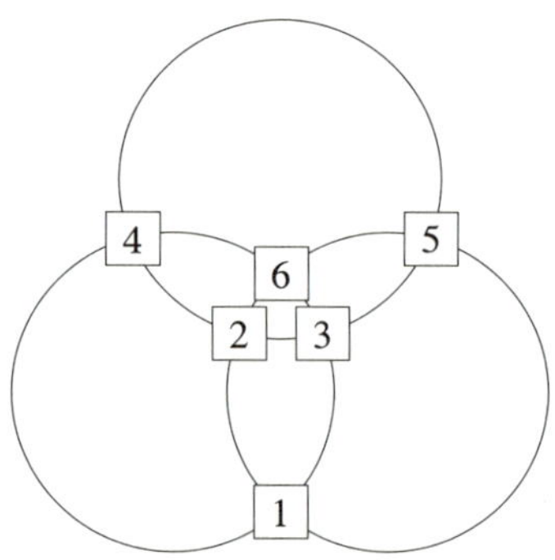

다음 문제를 푸시오.

1. 다음 그림에 조건 (1), (2), (3)을 모두 만족하도록 수를 넣으시오.
   (1) 한 원 안에 있는 네 수의 합은 모두 100입니다.
   (2) **가**, **나**, **다**, **라**는 자리 숫자가 모두 다른 두 자리 수입니다.

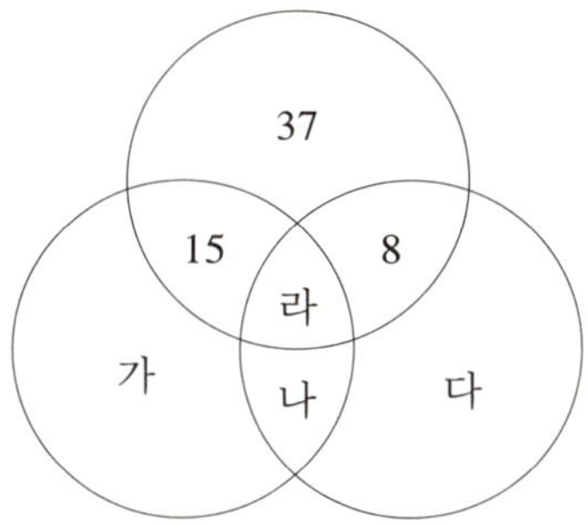

2. 원 3개가 겹쳐져서 오른쪽 그림과 같이 칸 7개를 만들고 있습니다. 빈 칸에 서로 다른 수를 넣어 한 원 안에 있는 네 수의 합이 같도록 만드시오.
   (1) 1부터 7까지의 수를 넣어 네 수의 합이 가장 작도록 만드시오.
   (2) 1부터 9까지의 수를 넣어 네 수의 합이 14가 되는 경우를 모두 그리시오.

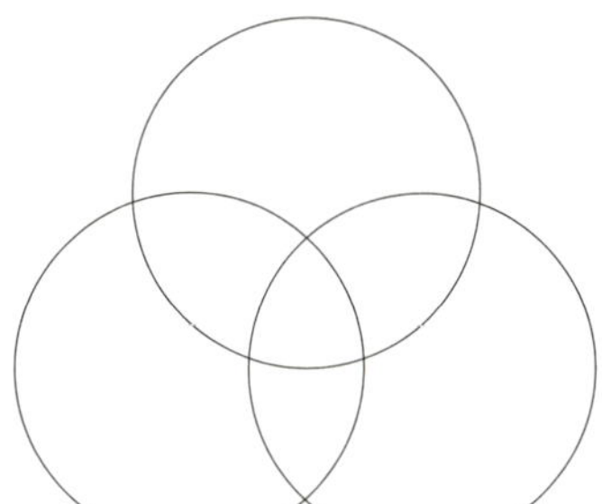

1 합이 같은 마방진

다른 모양의 문제를 생각해 봅시다.

다음 □ 안에 1부터 12까지의 수를 한 번씩만 써 넣어 한 직선 위에 놓인 네 수의 합이 모두 같도록 만들려고 합니다. 가장 위의 수가 1이고 가장 아래의 수가 12일 때, 나머지를 모두 채우시오.

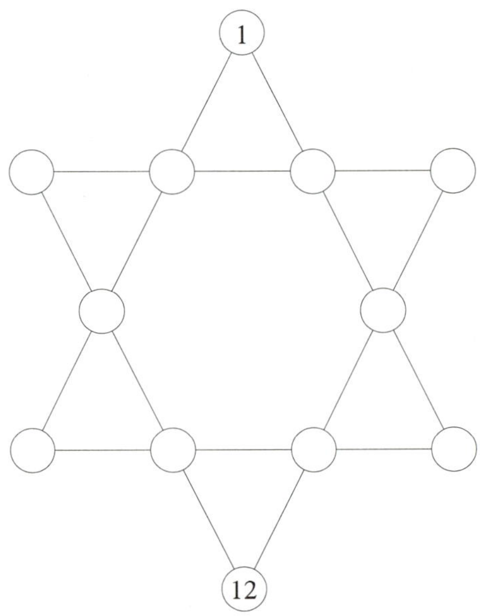

▸▸ 저는 먼저 한 직선 위에 놓인 네 수의 합을 알아보았습니다. 어떤 수도 두 직선 위에 있으므로 직선 6개에 놓인 네 수를 모두 더하면 1부터 12까지의 합 78의 2배가 됩니다. 즉 네 수의 합은 다음과 같습니다.

$$(78 \times 2) \div 6 = 26$$

1이 놓인 직선 위의 세 수의 합은 25이므로 1과 12를 제외한 수 중에서 세수의 합이 25인 식을 찾았습니다.

$4 + 10 + 11$
$5 + 9 + 11$
$6 + 8 + 11$
$6 + 9 + 10$
$7 + 8 + 10$

이 식 중에서 서로 다른 수로 표현된 식 2개를 찾았습니다.

(1) $5 + 9 + 11$ 과 $7 + 8 + 10$

마찬가지로 12가 놓인 직선 위의 세 수의 합은 14이고, 1과 12를 제외한 식을 찾았습니다.

$2 + 3 + 9$
$2 + 4 + 8$
$2 + 5 + 7$
$3 + 4 + 7$
$3 + 5 + 6$

이 식 중에서 서로 다른 수로 표현된 두 식은 다음과 같습니다.

(2) $2 + 4 + 8$ 과 $3 + 5 + 6$

1과 12가 지나는 선이 만나는 곳은 식 (1)과 (2)에서 중복된 수가 됩니다.
즉 $5 + 9 + 11$ 과 $3 + 5 + 6$에서 5
$7 + 8 + 10$ 과 $2 + 4 + 8$에서 8

그래서 다음 그림을 얻습니다.

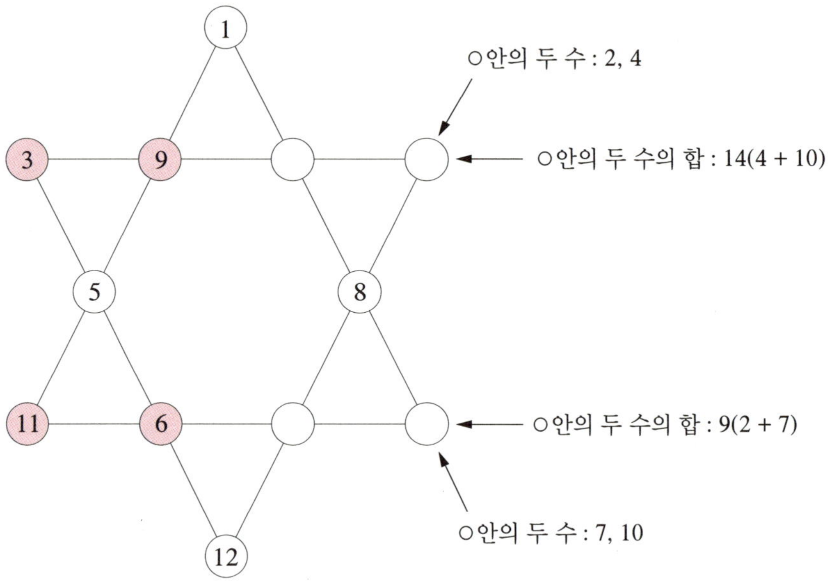

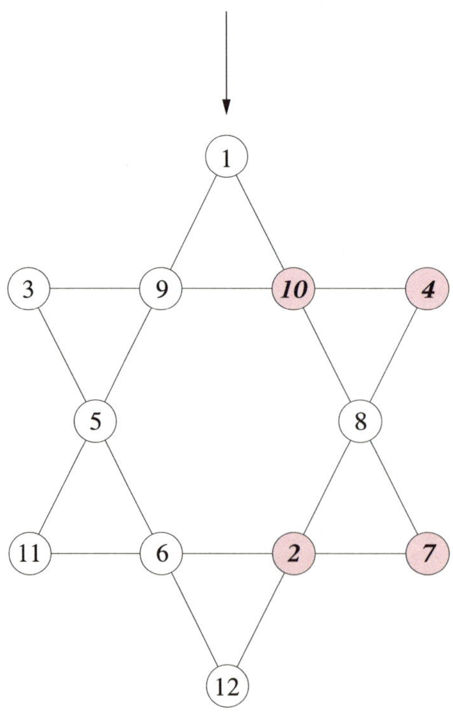

▸▸ 저는 마지막 그림에서 다음 그림과 같이 넣었어요.

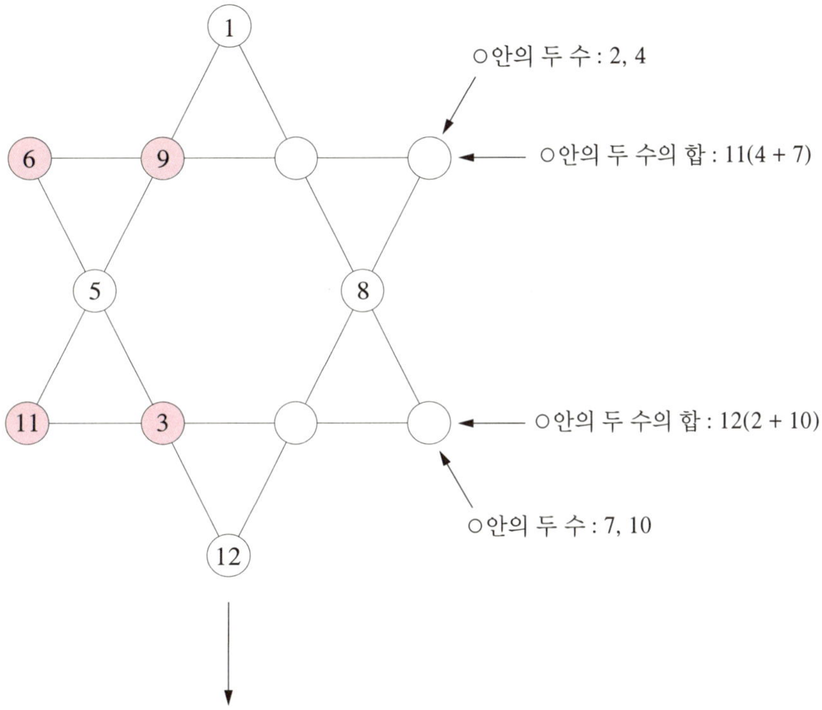

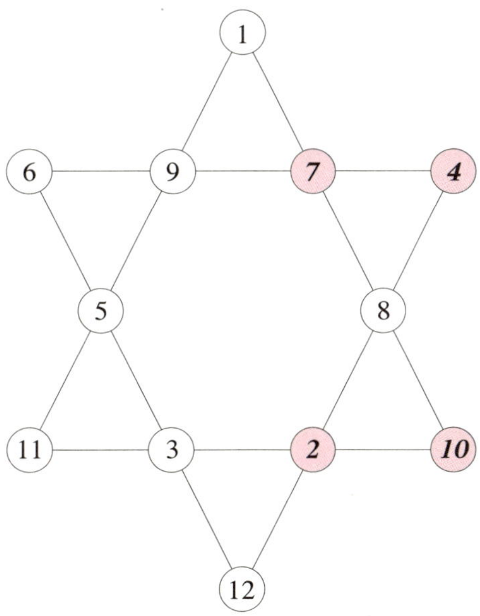

▸▸ 저도 마지막 그림을 다르게 그렸어요.

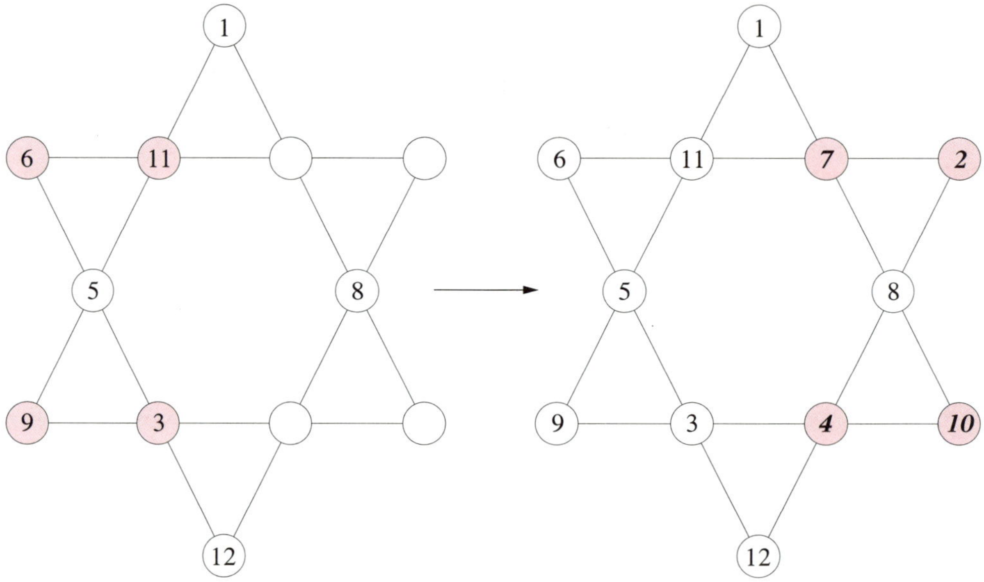

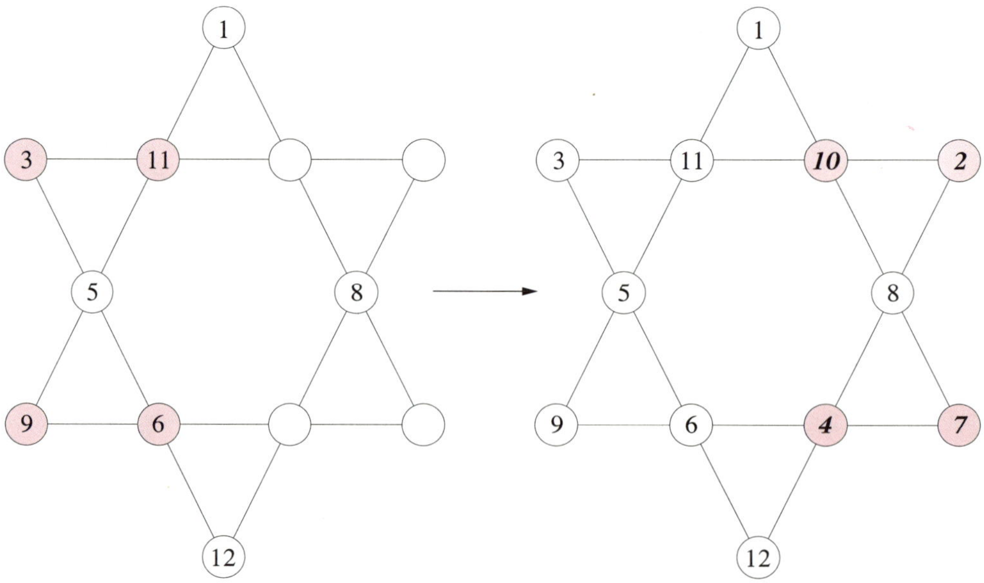

잘 했습니다. 모두 4가지 방법이 있습니다.

다음 문제를 해결해 봅시다.

(1) 다음 그림에서 대각선 위의 수 5개의 합과 정사각형 안의 수 5개의 합이 모두 같도록 ○안에 1부터 9까지의 수를 써 넣으시오.

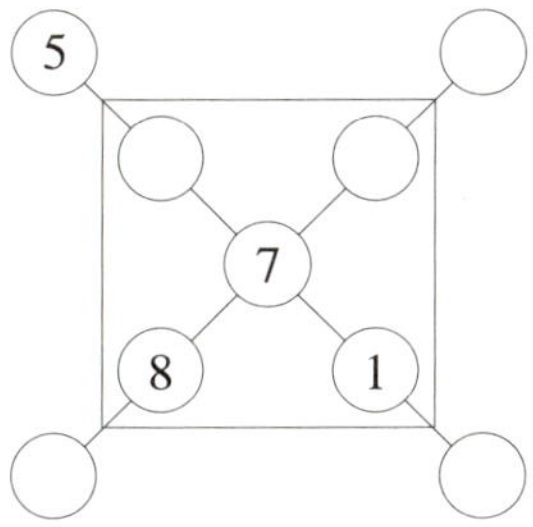

(2) 다음 그림에서 선에 놓인 세 수의 합이 모두 같습니다. 합이 가장 작도록 1부터 10까지의 수를 써 넣으시오.

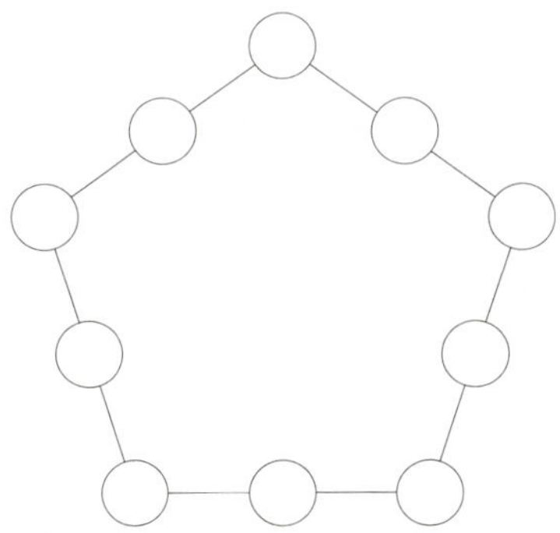

(3) 오른쪽 그림의 ○안에 1부터 7까지의 수를 한 번씩만 써서 한 직선 위의 세 수의 합이 모두 같도록 만드시오.

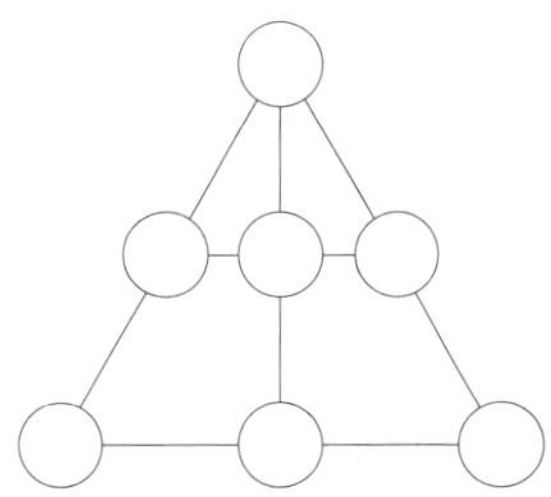

2 곱이 같은 마방진

지금까지 우리는 합이 같은 마방진을 생각했습니다. 여기에서는 곱이 같은 마방진을 생각해 보겠습니다. 다음 문제를 풀어 봅시다.

다음 그림에서 한 직선 위에 놓인 세 수의 곱이 모두 같습니다. 곱이 가장 작도록 ○안에 모두 다른 자연수를 넣으시오.

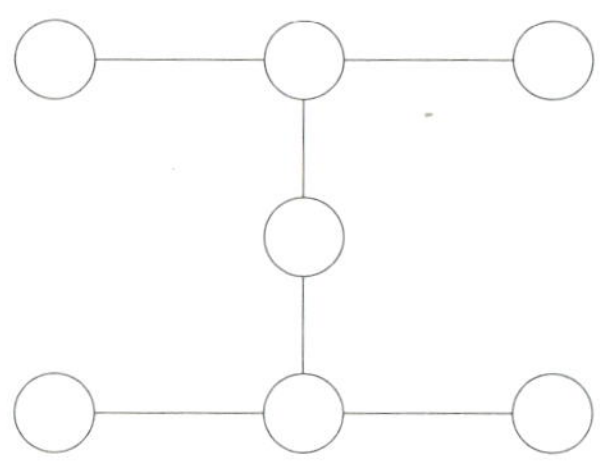

▸▸ 지금까지는 합이 같았는데, 이 문제는 곱이 같아요. 저는 약수가 7개 이상인 수를 작은 것부터 찾았어요. 먼저 24의 약수는 1, 2, 3, 4, 6, 8, 12, 24의 8개입니다. 그런데 세 수의 곱이 24가 되려면 24는 넣을 수 없어요. 그래서 7개로 곱이 24인 식을 만들었어요.

$$1 \times 2 \times 12$$
$$1 \times 3 \times 8$$
$$1 \times 4 \times 6$$
$$2 \times 3 \times 4$$

이 중에 세 식으로 ○안을 채울 수가 없어요.

왜 채울 수 없는지 설명할 수 있어요?

▸▸ 같은 수가 3번 들어가지는 않으므로 1이 들어간 식 하나를 제외하고, 남은 세 식으로 두 번 겹쳐 나오는 수를 찾았더니 모두 세 수가 있었어요. 그런데 그림에서 두 번 겹쳐지는 수는 2개뿐이거든요.

잘 설명했습니다. 곱이 24인 것은 될 수 없지요.

▸▸ 저는 곱이 48인 경우를 찾았어요. 48을 세 수의 곱으로 나타냈어요.

$1 \times 2 \times 24$ $\quad$ $1 \times 3 \times 16$ $\quad$ $1 \times 4 \times 12$ $\quad$ $1 \times 6 \times 8$

$2 \times 3 \times 8$ $\quad$ $2 \times 4 \times 6$

다음에 두 번 나오는 수가 2개인 식 3개를 찾았어요.

(1) $1 \times 2 \times 24$
$1 \times 3 \times 16$
$2 \times 4 \times 6$

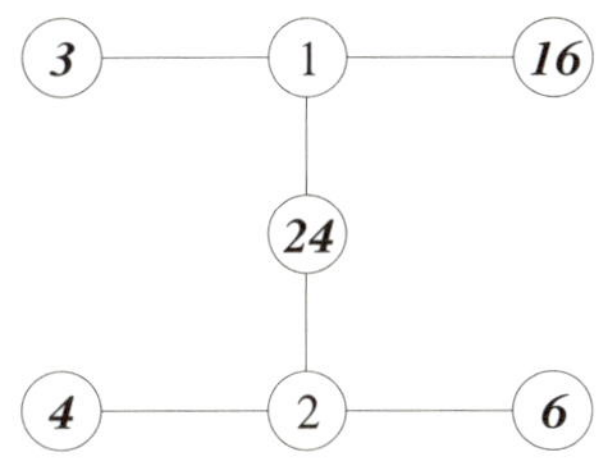

(2) $1 \times 2 \times 24$
$1 \times 4 \times 12$
$2 \times 3 \times 8$

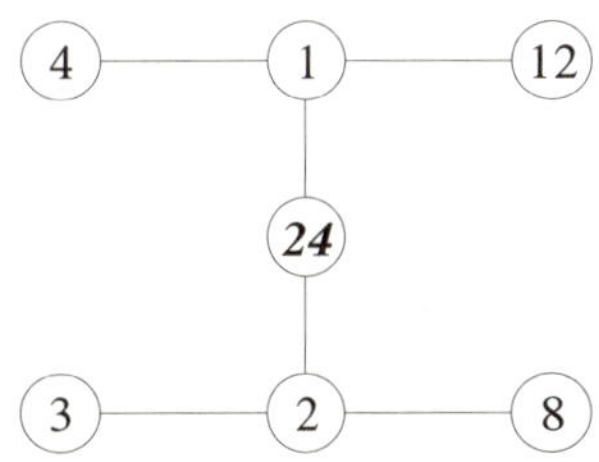

(3) $1 \times 4 \times 12$
$1 \times 3 \times 16$
$2 \times 3 \times 8$

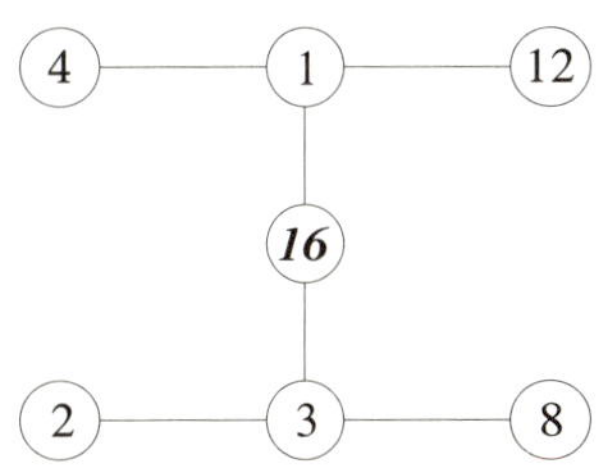

너무 많아서 모두 구하지 않았군요.

▸▸ 예, 너무 많아요.

그런데 곱 48이 가장 작은 수인지 어떻게 알지요?

▸▸ …

다시 생각해봐요.

▸▸ 저는 약수가 8개 이상이고 48보다 작은 36을 조사했어요. 곱이 36인 세 수는 다음과 같습니다.

$1 \times 2 \times 18 \qquad 1 \times 3 \times 12 \qquad 1 \times 4 \times 9 \qquad 2 \times 3 \times 6$

이 중에서 세 식을 찾았어요.

(1) $1 \times 2 \times 18$
$1 \times 4 \times 9$
$2 \times 3 \times 6$

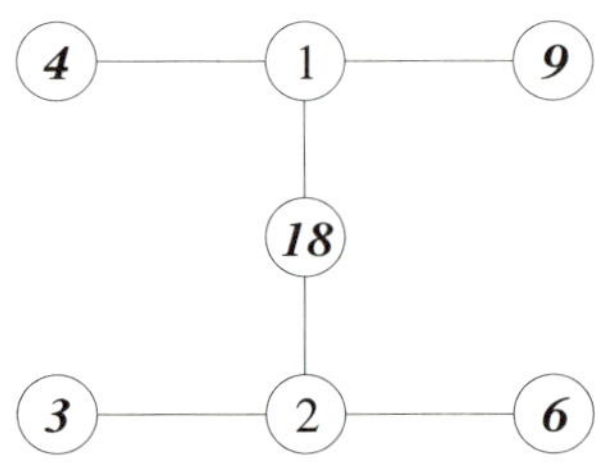

(2) $1 \times 3 \times 12$
$1 \times 4 \times 9$
$2 \times 3 \times 6$

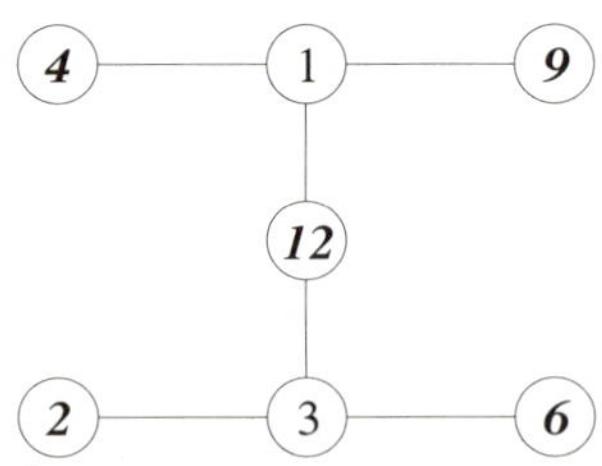

잘 했습니다. 그런데 36이 가장 작은 수 인가요?

▸▸ ……

곱이 가장 작으려면 어떻게 하지요?

▸▸ 글쎄요, ……

▸▸ 두 번 겹쳐 나오는 수를 가장 작은 자연수로 하면 될 거 같은데요.

어디 한 번 해 봐요.

▸▸ 그러니까 다음과 같이 겹치는 곳에 1, 2를 넣어요.

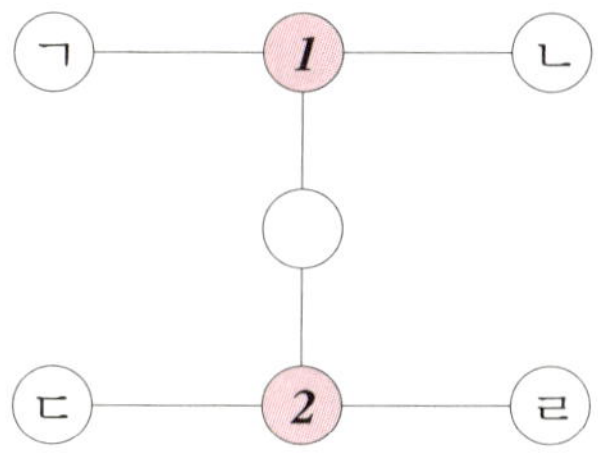

남은 수를 ㄱ, ㄴ, ㄷ, ㄹ 이라 할 때,

1×ㄱ×ㄴ = 2×ㄷ×ㄹ

이므로 ㄷ, ㄹ이 ㄱ, ㄴ 보다 작은 수가 들어가야 하므로
두 수의 곱이 작은 수부터 차례로 ㄷ, ㄹ에 넣어봐요.

(1) ㄷ = 3, ㄹ = 4 일 때, 세 수의 곱은 24입니다.

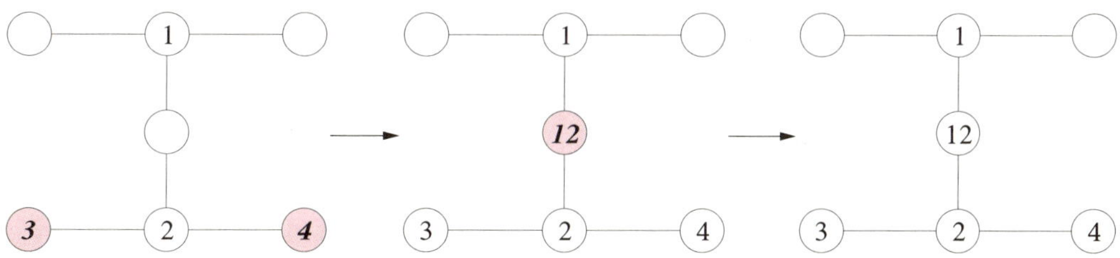

(1, 2, 3, 4, 12를 제외하고
곱이 24인 두 수는 없다.)

(2) ㄷ = 3, ㄹ = 5일 때, 세 수의 곱은 30입니다.

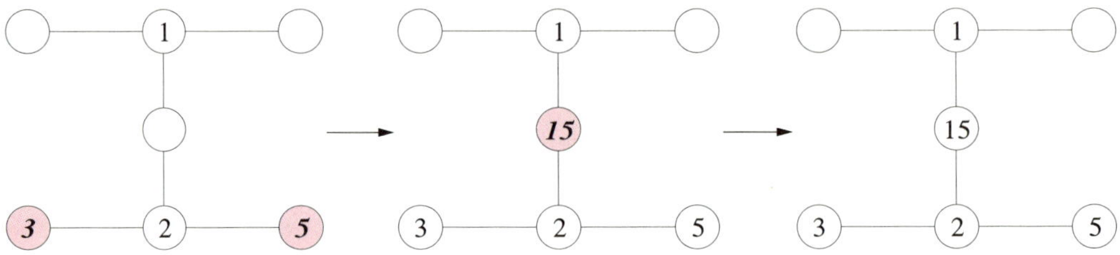

(1, 2, 3, 5, 15를 제외하고
곱이 30인 두 수는 없다.)

(3) ㄷ = 3, ㄹ = 6일 때, 세 수의 곱은 36입니다.

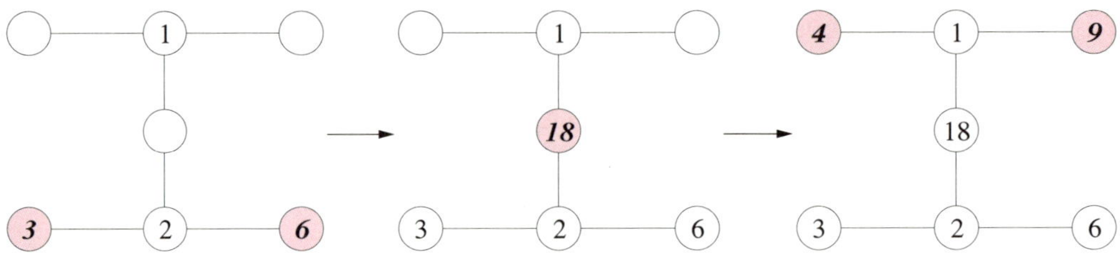

잘 했습니다. 곱이 작은 수부터 차례로 조사하였으니, 이것이 곱이 가장 작은 그림이지요.

▸▸ 곱이 36인 경우에 제가 그린 그림이 하나 더 있어요.

그렇습니다. 우리는 곱이 가장 작은 경우를 구했어도 또 다른 경우는 없는지 살펴보아야 합니다. 다음 문제를 생각해 봅시다.

다음 그림에서 한 직선 위에 놓인 세 수의 곱이 모두 같습니다. 곱이 가장 작도록 ○안에 모두 다른 자연수를 넣으시오.

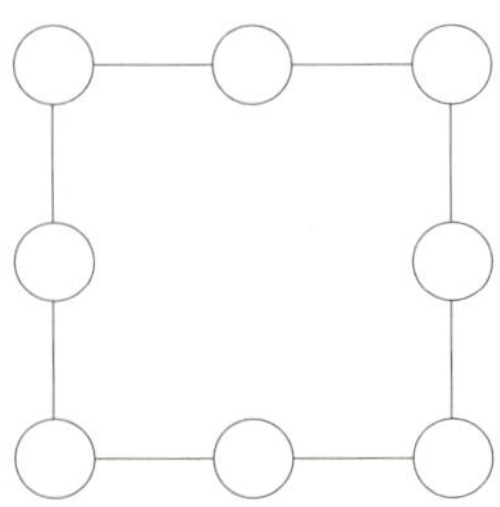

3 숫자 놀이

자연수에서 자리 숫자를 바꾸는 놀이를 해 봅시다.
먼저 다음 문제를 읽고, 생각해 봅시다.

> 세 자리 수 317에서 자리 숫자 2개를 맞바꾼 수는 371, 713, 137입니다. 다시 이 수들의 자리 숫자 2개를 맞바꾼 수는 317, 173, 731입니다. 즉 317에서 자리 숫자 2개를 두 번 맞바꾼 수는 317, 173, 731입니다. 그런데 317은 처음 수와 같으므로 제외합니다. 네 자리 수 3579에서 자리 숫자 2개를 두 번 맞바꾼 수를 모두 찾으시오.

▸▸ 3과 7, 5와 9를 맞바꾸면 7395입니다. 이와 같이 맞바꾼 수는 다음과 같습니다.

3과 5, 7와 9 → 5397
3과 7, 5와 9 → 7935
3과 9, 5와 7 → 9753

▸▸ 선생님, 문제의 뜻이 이 생각하는 것과 다른 것 같아요. 이 찾은 수도 되지만, 숫자 2개를 바꾸고, 다시 숫자 2개를 바꾸면 다음 수도 됩니다.

3579 —(3,5)→ 5379 —(3,7)→ 5739

3579 —(3,5)→ 5379 —(3,9)→ 5973

가 잘 설명했어요. 숫자 2개를 바꾸고, 또 숫자 2개를 바꿀 때 만들어지는 수를 구하는 것입니다.

▸▸ 먼저 숫자 2개를 한 번 바꾼 수를 찾고, 다시 이 수에서 숫자 2개를 또 한 번 바꾸면 돼요.

(1) 한 번 맞바꾼 수

3579 → 5379, 7539, 9573, 3759, 3975, 3597

(2) 두 번 맞바꾼 수

5379 → 3579(처음 수), 7359, 9375, 5739, 5973, 5397 (5로 시작되는 수)

7539 → 5739, 3579(처음 수), 9537, 7359, 7935, 7593 (7로 시작되는 수)

9573 → 5973, 7593, 3579(처음 수), 9753, 9375, 9537 (9로 시작되는 수)

3759 → 7359, 5739, 9753, 3579(처음 수), 3957, 3795 (3으로 시작되는 수)

3975 → 9375, 7935, 5973, 3795, 3579(처음 수), 3957

3597 → 5397, 9537, 7593, 3957, 3795, 3579(처음 수)

3으로 시작되는 수 : 3957, 3795
5로 시작되는 수 : 5739, 5973, 5397
7로 시작되는 수 : 7359, 7935, 7593
9로 시작되는 수 : 9753, 9375, 9537

▸▸ 도 잘 했지만 너무 복잡해요. 저는 천의 자리 숫자가 3, 5, 7, 9인 경우로 나누어 찾았어요.

(1) 3으로 시작되는 수 : 3579에서 579를 두 번 맞바꾼 수 957, 795 (2개)

(2) 5로 시작되는 수 : 3과 5를 한 번 맞바꾼 수 5379에서 379를 한 번 맞바꾼 수 739, 973, 397 (3개)

(3) 7로 시작되는 수 : 3과 7를 한 번 맞바꾼 수 7<u>539</u>에서 539를 한 번 맞바꾼 수 359, 935, 593 (3개)

(4) 9로 시작되는 수 : 3과 9를 한 번 맞바꾼 수 9<u>573</u>에서 573을 한 번 맞바꾼 수 753, 375, 537 (3개)

가 구한 방법이 가 구한 방법보다 쉽지요. 여러분이 잘 생각하면 더 단순하게 해결할 수 있답니다.
다음 문제를 풀어 봅시다.

> 여섯자리 자연수 A가 있습니다. 6개의 수 A, A×2, A×3, A×4, A×5, A×6은 모두 A의 자리 숫자의 위치만 달라졌고, 같은 자리에 똑같은 수가 하나도 없습니다. A는 무엇입니까?

이제 다른 숫자놀이를 해 봅시다.

> 자연수 49568에서 숫자 2개를 지워 만들 수 있는 수를 모두 찾으시오.

▸▸ 숫자 2개를 지우면 세 자리 수가 됩니다.

~~4~~~~9~~568 = 568　　~~4~~9~~5~~68 = 968　　~~4~~95~~6~~8 = 958

~~4~~956~~8~~ = 956　　4~~9~~~~5~~68 = 468　　4~~9~~5~~6~~8 = 458

4~~9~~56~~8~~ = 456　　49~~5~~~~6~~8 = 498　　49~~5~~6~~8~~ = 496

495~~6~~~~8~~ = 495

잘 찾았습니다. 그러면 가장 큰 수는 무엇입니까?

▸▸ 968입니다.

가장 큰 수는 어떤 수를 지웠어요?

▸▸ 4와 5를 지웠습니다.

4와 5는 어떤 수 입니까?

▸▸ ……

선생님이 질문하는 의도를 잘 모르는군요.
다음 문제를 생각해 봅시다.

> 자연수 692184에서 숫자 3개를 지워 만들 수 있는 가장 큰 수는 무엇입니까? 또 가장 작은 수는 무엇입니까?

▸▸ 가장 큰 수는 다음과 같이 가장 작은 숫자부터 차례로 1, 2, 4를 지운 수입니다.

$$69\cancel{2}\cancel{1}8\cancel{4} = 698$$

▸▸ 아닙니다. 앞에서부터 차례로 6, 2, 1을 지운 수가 더 커요.

$$\cancel{6}9\cancel{2}\cancel{1}84 = 984$$

984보다 더 큰 수는 없어요?

▸▸ 없습니다.

그러면 6, 2, 1은 어떤 위치에 있나요?

▸▸ ……

▸▸ 알았어요. 6 다음의 수 9가 커요. 그러니까 앞에서부터 두 수를 비교하여 다음의 수가 크면, 앞의 수를 지워요.

692184에서 6 다음의 수 9가 크므로 6을 지워요.
92184에서 1 다음의 수 8이 크므로 1을 지워요.
9284에서 2 다음의 수 8이 크므로 2를 지워요.

그러면 984가 됩니다.

이 잘 설명했어요. 418579에서 세 수를 지워 가장 큰 수를 만들려면 다음과 같이 하면 됩니다.

4~~1~~8579 ⟶ ~~4~~8579 ⟶ 8~~5~~79 ⟶ 879

▸▸ 선생님, 그러면 가장 작은 수를 구할 때는 반대로 하면 되나요?

반대로 한다는 의미는 무엇이지요?

▸▸ 앞에서부터 차례로 두 수를 비교하여 다음의 수가 작으면 앞의 수를 지워요.

692184로 설명해 보세요.

▸▸ 692184 → (6, 9는 9가 크므로 그대로 놓고,
9, 2는 2가 작으므로 9를 지워요.) → 6~~9~~2184
62184 → (6, 2는 2가 작으므로 6을 지워요.) → ~~6~~2184
2184 → (2, 1은 1이 작으므로 2를 지워요.) → ~~2~~184
따라서 가장 작은 수는 184입니다.

잘 했어요.

다음 문제를 풀어봅시다.

다음 물음에 답하시오.

(1) 48756에서 숫자 2개를 지워 만들 수 있는 가장 큰 수와 가장 작은 수를 구하시오.

(2) 454545에서 숫자 2개를 지워 만들 수 있는 네 자리 자연수를 모두 구하시오.

(3) 542745에서 숫자 3개를 지워 만들수 있는 수 중 큰 수부터 차례로 4개의 수를 찾으시오.

(4) 522552에서 숫자 3개를 지워 만들 수 있는 수 중 작은 수부터 차례로 4개의 수를 찾으시오.

자연수의 자리 숫자를 계속 곱하는 놀이를 해 봅시다.

49의 자리 숫자를 한 자리 수가 0이 나올 때까지 계속 곱하면 다음과 같습니다.

$$49 \xrightarrow[(4\times 9)]{} 36 \xrightarrow[(3\times 6)]{} 18 \xrightarrow[(1\times 8)]{} 8$$

이와 같이 다음 수의 자리 숫자를 계속 곱해 한 자리 수가 0이 되도록 하시오.

479 →

254 →

77 →

▸▸ 제가 구했어요.

$$479 \rightarrow 252 \rightarrow 20 \rightarrow 0$$
$$254 \rightarrow 40 \rightarrow 0$$
$$77 \rightarrow 49 \rightarrow 36 \rightarrow 18 \rightarrow 8$$

잘 했습니다. 마지막 수는 0, 1, …, 9 중 하나가 되지요. 이와 같이 자연수 n의 자리 숫자를 계속 곱해 나온 한 자리 수를 그 수의 **특성값**이라 하고, 기호로 $\rho(n)$이라고 쓰기로 합시다. 다시 말하면 479의 특성값은 0이고, $\rho(479) = 0$이라고 쓰기로 약속하겠습니다. 또 $\rho(254) = 0$, $\rho(77) = 8$입니다.
다음 문제를 생각해 봅시다.

특성값이 6인 두 자리 자연수를 모두 찾으시오.

▸▸ 이 문제는 자리 숫자의 곱을 반복해서 구할 때, 마지막 값이 6인 두 자리 자연수를 모두 구하는 것이지요. 그러니까 두 수의 곱이 6인 수를 찾으면 됩니다.
$6 = 1 \times 6 = 2 \times 3$에서 16, 61, 23, 32입니다.

▸▸ 또 있어요. 한 자리 수인 두 수의 곱이 16, 61, 23, 32인 수를 찾으면 됩니다. 두 수의 곱이 61과 23인 경우는 없어요.

$$16 = 2 \times 8 = 4 \times 4, \cdots\ 28, 82, 44$$
$$32 = 4 \times 8 \qquad \cdots\ 48, 84$$

▸▸ 또 있어요. 한 자리 수인 두 수의 곱이 28, 82, 44, 48, 84인 수를 찾았어요. 두 수의 곱이 82, 44, 84인 수는 없어요.

$$28 = 4 \times 7 \cdots 47,\ 74$$
$$48 = 6 \times 8 \cdots 68,\ 86$$

그런데 두 수의 곱이 47, 74, 68, 84인 수는 없어요. 따라서 지금까지 찾은 수 이외에는 없습니다.

모두 몇 개이지요?

▸▸ 4개, 5개, 4개이므로 모두 13개입니다.

$\rho(n) = 6$ 인 두 자리 자연수 n은 모두 13개입니다.
두 자리 자연수는 10에서 99까지 모두 90개이며, 특성값은 0부터 9까지 10개이므로 평균 9개가 되어야 하지만, 특성값 6을 가지는 두 자리 수는 13개로 많은 편입니다.
다음 문제를 풀어봅시다.

다음 물음에 답하시오.

(1) 두 자리 자연수 중에서 특성값이 얼마인 수가 가장 많습니까? 또 그 개수를 구하시오.

(2) 두 자리 자연수 중에서 특성값이 얼마인 수가 가장 적습니까? 또 그 수의 특징을 말하시오.

4 자기 배수

오늘은 여러분과 자기 배수에 대하여 알아보겠습니다.
다음 문제를 생각해 봅시다.

> 다음 수 중에서 모든 자리 숫자로 나누어떨어지는 수를 찾으시오. 또 자리 숫자의 곱으로 나누어떨어지는 수를 찾으시오.
>
> 12, 24, 36, 48, 60, 72, 84, 96

▸▸ 자리 숫자로 나누어떨어진다는 의미는 12를 예로 들면 1과 2로 나누어떨어지는 것을 말하는지요?

그래요.

▸▸ 그러면 모든 자리 숫자로 나누어떨어지는 수를 찾을 수 있어요.

12 ⋯ 12 ÷ 1 = 12, 12 ÷ 2 = 6 (○)
24 ⋯ 24 ÷ 2 = 12, 24 ÷ 4 = 6 (○)
36 ⋯ 36 ÷ 3 = 12, 36 ÷ 6 = 6 (○)
48 ⋯ 48 ÷ 4 = 12, 48 ÷ 8 = 6 (○)
60 ⋯ 60 ÷ 6 = 10, 60 ÷ 0 ⋯ 계산할 수 없다.(×)
72 ⋯ 72 ÷ 7 (×)
84 ⋯ 84 ÷ 8 (×)
96 ⋯ 96 ÷ 9 (×)

따라서 모든 자리 숫자로 나누어떨어지는 수는 12, 24, 36, 48입니다.

▸▸ 저는 자리 숫자의 곱으로 나누어떨어지는 수를 찾았어요.

12 ⋯ 12 ÷ (1×2) = 12 ÷ 2 = 6 (○)
24 ⋯ 24 ÷ (2×4) = 24 ÷ 8 = 3 (○)
36 ⋯ 36 ÷ (3×6) = 36 ÷ 18 =2 (○)
48 ⋯ 48 ÷ (4×8) = 48 ÷ 32 (×)
60 ⋯ 60 ÷ (6×0) = 60 ÷ 0 (×)

72, 84, 96은 자리 숫자로 나누어떨어지지 않으므로 자리 숫자의 곱으로는 당연히 나누어떨어지지 않습니다.

잘했습니다. 여기에서 우리는 몇 가지 용어를 알아보겠습니다.
12, 24, 36, 48과 같이 자신의 모든 자리 숫자로 나누어떨어지는 수를 **자기배수**라 합니다. 그리고 12, 24, 36과 같이 자리 숫자의 곱으로 나누어떨어지는 자연수를 **순자기배수**라 합니다. 48은 자기배수이지만 순자기배수는 아니며, 12, 24, 36은 자기배수이며, 순자기배수이기도 합니다. 즉 순자기배수는 자기배수이지만, 자기배수 중에는 순자기배수가 아닌 수도 있습니다. 또 어떤 수도 0으로 나눌 수는 없으므로 자기배수는 자리 숫자에 0이 포함될 수 없습니다.
다음 문제를 푸시오.

(1) 다음 세 자리 자연수 중 순자기배수와 순자기배수가 아닌 자기배수를 찾으시오.

168, 324, 742, 218, 124, 432

순자기배수 ································· (   )
순자기배수가 아닌 자기배수 ········· (   )

(2) 각 자리 숫자가 모두 다르고 각 자리 숫자가 모두 짝수인 세 자리의 자연수 중에서 순자기배수가 아닌 자기배수를 모두 찾으시오.

(3) 자리 숫자가 다른 두 자리 자연수 중에서 자기배수를 모두 찾으시오.

다음 문제를 생각해 봅시다.

세 자리 자연수 ㄱㄴㄷ이 십의 자리의 숫자를 지운 두 자리 자연수 ㄱㄷ으로 나누어떨어지는 수를 찾으려고 합니다. 다음 물음에 답하시오.

(1) ㄷ = 0인 ㄱㄴㄷ은 모두 몇 개입니까?

(2) 몫이 11인 수 중에서 ㄷ이 0이 아닌 ㄱㄴㄷ은 모두 몇 개입니까?

(3) ㄷ = 5인 수 중에서 몫이 11이 아닌 수 ㄱㄴㄷ은 모두 몇 개입니까?

(4) (1), (2), (3)에서 구한 수 이외에 조건에 맞는 수가 더 있으면 그 수를 모두 찾으시오.

▸▸ 저는 문제(1)을 생각했어요. ㄱㄴ0이 ㄱ0으로 나누어떨어지려면 ㄱㄴ이 ㄱ으로 나누어떨어져야 합니다. 즉 ㄴ은 0이거나 ㄱ의 배수입니다. 이런 수는 다음과 같습니다.

100, 110, 120, ⋯ , 190 (10개)
200, 220, 240, 260, 280 (5개)
300, 330, 360, 390 (4개)
400, 440, 480 (3개)
500, 550, 600, 660, 700, 770, 800, 880, 900, 990 (10개)

따라서 모두 32개입니다.

▸▸ 저는 문제(2)를 풀었어요.

몫이 11이므로 ㄱㄷ×11의 십의 자리의 숫자는 ㄱ+ㄷ이고, 이것이 ㄴ과 같습니다. 이런 수는 다음과 같습니다.

121, 132, 143, 154, ⋯, 198	(8개)
231, 242, 253, ⋯, 297	(7개)
341, 352, 363, ⋯, 396	(6개)
⋯	
781, 792	(2개)
891	(1개)

따라서 모두 36개입니다.

▸▸ 저는 문제(3)을 풀었어요.

ㄱ5×□ = ㄱㄴ5에서 □에 들어갈 수는 11이 아닌 홀수입니다. 이런 수는 다음의 6개입니다.

$15 \times 7 = 105$, $15 \times 9 = 135$, $15 \times 13 = 195$

$25 \times 9 = 225$, $35 \times 9 = 315$, $45 \times 9 = 405$

잘 했어요. 이제는 생각하는 힘이 많이 생겼군요. 그런데 (4)가 어렵지요. 어떻게 찾아야 할까요?

▸▸ ⋯ ⋯

잘 생각해 보세요. 일의 자리 숫자에 몇 배를 해서 같은 일의 자리 숫자가 되는 수가 없을까요?

▸▸ 알았어요. ㄷ = 2일 때, 6배, 16배를 하면 일의 자리 숫자가 2가 돼요.

즉 $12 \times 16 = 192$ 이므로 192는 12로 나누어 떨어져요.

▸▸ 저도 찾았어요. ㄷ = 8일 때, 6배나 16배를 하면 일의 자리 숫자가 8이 돼요.

즉 $18 \times 6 = 108$에서 108도 됩니다.

잘 했습니다. 그러면 다음 문제를 푸시오.

네 자리 자연수 ㄱㄴㄷㄹ이 ㄱㄴ × ㄷㄹ로 나누어떨어지는 수를 모두 찾으시오.

5 대칭수

자연수 727, 4334, 15951과 같이 앞에서부터 읽거나 뒤에서부터 읽어도 같은 수를 대칭수라 합니다. 지금부터 대칭수에 대하여 알아보겠습니다.

(1) 세 자리 대칭수는 모두 몇 개입니까? 또 네 자리 대칭수는 모두 몇 개입니까?

(2) 세 자리 대칭수를 작은 수부터 크기 순으로 나열할 때, 두 수의 차가 가장 작은 것은 얼마입니까?

(3) 다음 □안의 수가 모두 대칭수인 식을 찾으시오.

$$1991 + \square = \square$$

▸▸ 세 자리 대칭수는 가장 작은 것이 111이고, 가장 큰 수가 999입니다. 그러므로 111, 121, 131, … 989, 999와 같습니다.

▸▸ 더 있어요. 111부터 시작하는 것이 아니라 101부터 시작합니다. 세 자리 대칭수는 ■□■에서 색칠된 두 수가 같으므로 일의 자리 숫자는 앞의 두 숫자에서 쉽게 찾을 수 있습니다. 그러므로 세 자리 대칭수는 다음과 같습니다.

$$10\boxed{1},\ 11\boxed{1},\ \cdots,\ 98\boxed{9},\ 99\boxed{9}$$

따라서 10에서 99까지 모두 90개가 있습니다.

▸▸ 네 자리 대칭수 ■■□□도 색칠된 두 숫자가 결정되면 나머지는 대칭되게 넣으면 됩니다. 그러므로 네 자리 대칭수는 다음과 같습니다.

10□□, 11□□, …, 98□□, 99□□

따라서 10에서 99까지 모두 90개입니다.

잘 했어요. 세 자리 대칭수와 네 자리 대칭수의 개수는 같답니다. 마찬가지로 다섯자리와 여섯자리 대칭수의 개수도 같지요.

▸▸ 세 자리 대칭수를 크기 순으로 나열할 때, 이웃한 두 수의 차는 다음과 같이 모두 10입니다.

$111 - 101 = 10, \quad 121 - 111 = 10, \cdots$

▸▸ 백의 자리 숫자가 달라질 때는 다릅니다.

$191 - 181 = 10, \quad 202 - 191 = 11, \cdots$

▸▸ 백의 자리 숫자가 달라지는 모든 경우를 조사해야 합니다.

$(191, 202) = 11, \quad (292, 303) = 11, \quad \cdots, \quad (898, 909) = 11, \quad (1001, 999) = 2$

즉 이웃하는 세 자리 대칭수의 차는 10 또는 11이지만, 네 자리 대칭수로 바뀌는 경우는 차가 2입니다.

그러면 네 자리 대칭수에서 다섯자리 대칭수로 바뀌는 경우는 어떨까요.

▸▸ 9999과 10001의 차는 2입니다.

마지막 문제도 해결해 보세요.

▸▸ 선생님 1, 2, …, 9와 같은 한 자리 자연수는 모두 대칭수인가요?

처음의 약속처럼 앞에서부터 읽어보고 뒤에서부터 읽어보세요. 같은가요?

▸▸ 네, 같습니다.

그러면 대칭수입니다.

▸▸ 1991 + 가 = 나 에서 **가**와 **나**가 대칭수이므로 **가**부터 찾아보겠습니다.

$$\begin{array}{r} 1991 \\ +\ 1001 \\ \hline 2991 \end{array} \qquad \begin{array}{r} 1991 \\ +\ 2002 \\ \hline 3993 \end{array} \qquad \cdots \qquad \begin{array}{r} 1991 \\ +\ 8008 \\ \hline 9999 \end{array}$$

에서 모두 식 8개를 찾았습니다.

▸▸ 다른 식은 더 없어요. 다음을 보면 알아요.

$$\begin{array}{r} 1991 \\ +\ 1111 \\ \hline 3102 \end{array} \qquad \begin{array}{r} 1991 \\ +\ 1221 \\ \hline 3212 \end{array} \qquad \cdots \qquad \begin{array}{r} 1991 \\ +\ 9009 \\ \hline 10000 \end{array}$$

이것은 모두 합이 대칭수가 아닙니다.

▸▸ **가**가 꼭 네 자리 대칭수이어야 하나요? 저는 **가**를 세 자리 대칭수로 놓고 생각했어요.

$$\begin{array}{r} 1\ 9\ 9\ 1 \\ +\ \ \blacksquare\,\square\,\blacksquare \\ \hline \end{array} \rightarrow \begin{array}{r} 1\ 9\ 9\ 1 \\ +\ \ \blacksquare\,\square\,\blacksquare \\ \hline 2\,\square\,\square\,2 \end{array} \rightarrow \begin{array}{r} 1\ 9\ 9\ 1 \\ +\ \ 1\,\square\,1 \\ \hline 2\,\square\,\square\,2 \end{array} \rightarrow \begin{array}{r} 1\ 9\ 9\ 1 \\ +\ \ 1\ 2\ 1 \\ \hline 2\ 1\ 1\ 2 \end{array}$$

(색칠된 수는 1 이상이다.)

잘 했어요.

▸▸ 그러면 두 자리 대칭수도 있겠군요.

$$\begin{array}{r} 1\ 9\ 9\ 1 \\ +\ \ \blacksquare\,\blacksquare \\ \hline \square\quad\ \square \end{array} \rightarrow \begin{array}{r} 1\ 9\ 9\ 1 \\ +\ \ \square\,\square \\ \hline 2\,\square\,\square\,2 \end{array} \rightarrow \begin{array}{r} 1\ 9\ 9\ 1 \\ +\ \ 1\ 1 \\ \hline 2\ 0\ 0\ 2 \end{array}$$

(색칠된 수가 1이상이므로 천의 자리 수는 2이다.)

▸▸ 한 자리 대칭수는 … …, 1부터 9까지 넣어도 되는 식이 없어요.
다섯 자리 대칭수도 되는 식이 없어요.
가가 다섯 자리 이상의 대칭수인 것 중에 **나**가 대칭수가 되는 식은 없어요.

다음 문제를 풀어 보세요.

두 자리 대칭수와 세 자리 대칭수를 더한 합이 대칭수가 되는 식을 모두 찾으시오.

다음 문제는 많이 생각해야 합니다.

네 자리 대칭수 **가**와 세 자리 대칭수 **나**의 합이 네 자리 대칭수 **다**가 될 때, 다음 물음에 답하시오.

(1) **다**가 될 수 있는 수 중에서 가장 작은 수와 가장 큰 수를 찾으시오.

(2) **가**가 될 수 있는 수는 모두 몇 개입니까?

(3) **나**가 될 수 있는 수를 찾으시오.

▸▸ 저는 가장 작은 수를 찾았습니다.

다가 가장 작으려면 **가**는 1□□1, **나**는 1□1의 형태이어야 합니다.

$$\begin{array}{rcccc} & 1 & \boxed{\text{ㄱ}} & \boxed{\text{ㄱ}} & 1 \\ + & & 1 & \square & 1 \\ \hline & 2 & & & 2 \end{array}$$

백의 자리에서 받아올림이 있으려면 **ㄱ** = 8이나 9입니다. 그런데 가장 작은 수는 **ㄱ** = 8일 때입니다.

↓

$$\begin{array}{rcccc} & 1 & 8 & 8 & 1 \\ + & & 1 & \boxed{\text{ㄴ}} & 1 \\ \hline & 2 & \square & \square & 2 \end{array}$$

십의 자리에서 받아올림이 있어야 천의 자리 숫자가 2가 되며, □은 0입니다. 이때 **ㄴ** = 2이어야 합니다.

↓

$$\begin{array}{rcccc} & 1 & 8 & 8 & 1 \\ + & & 1 & 2 & 1 \\ \hline & 2 & 0 & 0 & 2 \end{array}$$

따라서 가장 작은 수는 2002입니다.

잘 했습니다. 큰 수도 마찬가지 방법으로 생각할 수 있지요.

▸▸ 이 한 것을 보고 저는 반대로 생각했어요.
다가 가장 크려면 9□□9 형태이어야 하고, **나**는 아무리 작아도 101이며, 일의 자리 숫자가 9이려면 **가**는 8□□8 형태이어야 합니다.

$$\begin{array}{cccccc} & 8 & \boxed{\text{ㄱ}} & \boxed{\text{ㄱ}} & 8 \\ + & & 1 & & 1 \\ \hline & 9 & & & 9 \end{array}$$

백의 자리에서 받아올림이 있으려면 **ㄱ**은 8이거나 9인데, 9일 때 가장 큽니다.

↓

$$\begin{array}{ccccc} & 8 & 9 & 9 & 8 \\ + & & 1 & \boxed{\text{ㄴ}} & 1 \\ \hline & 9 & \blacksquare & \blacksquare & 9 \end{array}$$

십의 자리에서 받아올림이 있고, 색칠된 ■가 같으려면 **ㄴ** = 2입니다.

↓

$$\begin{array}{ccccc} & 8 & 9 & 9 & 8 \\ + & & 1 & 2 & 1 \\ \hline & 9 & 1 & 1 & 9 \end{array}$$

가장 큰 수는 9119입니다.

▸▸ 이 구하는 과정에서 **ㄱ**은 8이거나 9인데, 가장 작은 수 **다**를 구하려고 **ㄱ** = 8로 계산했습니다. **ㄱ** = 9로 계산하면 다음과 같습니다.

$$\begin{array}{ccccc} & 1 & 9 & 9 & 1 \\ + & & 1 & \square & 1 \\ \hline & 2 & & & 2 \end{array} \qquad \begin{array}{ccccc} & 1 & 9 & 9 & 1 \\ + & & 1 & 2 & 1 \\ \hline & 2 & 1 & 1 & 2 \end{array}$$

마찬가지로 가 구하는 과정도 **ㄱ** = 8일 수 있습니다.

$$\begin{array}{ccccc} & 8 & 8 & 8 & 8 \\ + & & 1 & \square & 1 \\ \hline & 9 & \square & \square & 9 \end{array} \qquad \begin{array}{ccccc} & 8 & 8 & 8 & 8 \\ + & & 1 & 2 & 1 \\ \hline & 9 & 0 & 0 & 9 \end{array}$$

따라서 **가**가 될 수 있는 수는 1881, 1991, …, 8888, 8998이 있습니다. 같은 방법으로 **가**를 2□□2로 놓고 계산하면 2882, 2992가 됩니다.
따라서 **가**가 될 수 있는 모든 수는 다음과 같습니다.

1881	2882	…	7887	8888
1991	2992		7997	8998

이 때, **나**는 모두 121입니다.

잘 했어요. 다음 문제를 풀어 봅시다.

다음 식에서 합이 가장 큰 수와 가장 작은 수가 되는 식을 구하시오.

(네 자리 대칭수) + (세 자리 대칭수) + (두 자리 대칭수) = (대칭수)